街づくり×商業

リアルメリットを極める方法

松本大地 著

学芸出版社

はじめに

筆者は建築でも都市計画でもランドスケープの専門家でもないが、街づくりから商業施設づくりのマーケティング、コンセプトメイク、プランニング、開発から施設運営にいたるまで、トータルでの商業プロデュースを重ねてきた。

大学卒業後、1974年に「山一證券」に就職し大企業で平穏な人生を送れると思っていたが、仕事に将来展望が描けず、当時、青山ベルコモンズを開業し、海外にも出店を拡大していた婦人服専門店「鈴屋」に転職した。1983年に米国視察の機会をもらい、初めてショッピングセンター（SC）ビジネスと出会い、日本でのSCの可能性を感じた。その後、総合ディスプレイ会社「丹青社」に転職し、そこでもSCという暮らしに夢を添える施設に魅了され、現在も毎年米国各地の定点観測や、ヨーロッパ、アジア、オセアニアと世界各地のSC研究を続けている。

1997年、タイガーウッズが初来日した際、米国ナイキ社によりお台場で大規模なイベントが開催されたが、筆者はこのイベントの全体プロデュースを担った。翌年、長野オリンピックでも米国ナイキ社からオファーをもらったことがきっかけとなり、ナイキの本社があるオレゴン州ポートランドと出会った。このとき賑わいが広がる街の中心部に、サステナブルな街づくりと豊かな暮らしが重なる光景を見たことが人生の転機となり、「ポートランドのような街をつくりたい」との思いが年々膨らんだ。

２００７年に「人と街と商いの良好なリンケージ」を社是に掲げ、「商い創造研究所」を設立した。蛇行を続けてきた人生だが、根底には常に商業開発が街づくりに資する「商業街づくり」の考え方を持って、数々の商業開発プロジェクトを進めてきた。２００８年に埼玉県越谷市に誕生した「レイクタウン」は、プロジェクトメンバーとポートランドを視察した。レイクタウンは、全国一の大きさを誇るだけでなく、イオングループが総力を結集したサステナブルなエコ・ショッピングセンターとして持続可能な暮らしへのメッセージ発信を続けている。東京駅八重洲と丸の内を結び、エキナカ新業態でエリア価値向上に貢献し、大ヒットした「グランスタ」などのプロジェクトにも参画した。

２０１１年3月11日に東日本大震災が発生し、死者と行方不明者が2万2千人を超える大災害に見舞われた際、同年11月に復興街づくりを発信するための「世界建築会議」が日本で初めて開催されることになった。その初日のオープンシンポジウムに建築家の内藤廣氏、都市計画家の西郷真理子氏とともに選出していただいた。被災地の状況から持続可能な街づくりの視点、建築だけではなく個々人が環境問題を意識して共生する暮らし、地域コミュニティの重要さ、商業施設ができるサステナビリティなどを提言した。世界建築会議以降も街づくりやエリア価値を創造するＳＣの推進、都市再開発、地方での活性化計画において「商業街づくり」を追求してきた。

しかし、２０２０年のコロナ禍以降は「商業街づくり」を、「街づくり×商業」に置き換えている。コロナ禍は生きること、暮らすこと、働くことにかかわる価値観に大きな変化を及ぼし、商業施設と地域コミュニティの街づくり思考を深く再考する機会になった。全世界で行動制限がされ、私たちは普段の生活の大切さを思い知り、公共空間や商業空間でもリビングルームのような心地よい時間を過ごせることを求めた。災害だけでなく、多くの社会課題が山積した今、商業のことを先に考えるのではなく、先に街づくりのことを考え次に商業のことを考えていくと、全然違う発想や創造力が湧いてきた。プロデュース実践活動を通じて、「街は人を変えることができる、人は街を変えることができる」と確信している。

20世紀は世の中の方向が「安い、大きい、便利」の経済優先だったのが、２００８年のリーマンショック以降は「心地よい、美しい、社会に役立つ」という生活文化優先の時代へと変化した。人々の精神的消費への欲求が強まり、ライフスタイルのサポートをしてくれる商業や公共の空間を強く求めてきた。

本書の後半でオーストラリアのメルボルン市を取り上げたのは、今やメルボルンの街が最先端のライフスタイルをつくりだす生活文化都市であるからだ。なぜ、メルボルンがリバブルシティと言われるのか。その理由は「住みやすい都市」であること。住む人々が活動的に快適に過ごせる環境と、ワークライフバランスが整いやすく、住んでよし、働いてよし、学んでよし、訪れてよしの理想郷であることが本書から理解いただけるだろう。

東京のような大都市でのいくつかのプロジェクトでも、面で考えた全体最適を捉えた街づくりが先にあり、そこに商業がどうあるべきか、というアプローチで考えると、持続可能な都市未来図が見えてくる。

商業プロデュースの実践に加え、日経ＭＪ、繊研新聞、商業施設新聞などでの連載や大学・ファッション専門校での講義、全国での講演活動など情報発信を続けてきた。その集大成として、この書籍を通じて次世代に向けた街づくりと商業が融合する「街づくり×商業」の可能性を提案していく。過去から現在までの事象から、明日の未来に向けた発想力、創造力のヒントになれるよう綴っていきたい。

２０２４年４月10日

松本大地

目次

第1章

個別最適から「街づくり×商業」への大転換

1 商業は変化対応業

時代とともに変化する事象は、いつ、どこにでも起き続ける。昨今では少子高齢化による人口構造変化や行動様式、人の考え方、ライフスタイルの変化によって、商業空間だけでなく街づくりも影響を受けている。変化は変革、革新をもたらすムーブメント、人も街も仕事も遊びも音楽も、すべて変化が進化になる。

分かりやすい喩えで言えば、ビートルズは恋や愛の歌から始まり、だんだんとメッセージ性の高い楽曲、そして音楽で世界平和を訴える領域まで、常に時代とともに変化を続けてきた。彼らは常識や既成概念にとらわれず、「進歩するためには変化が必要」と考え、社会を変革する波をつくってきた。ビートルズが誕生する100年前、同じイギリスの自然科学者チャールズ・ダーウィンは、「最後に生き残るのは、最も強い者でも最も賢い者でもなく、最も変化に対応できた者だ」と提唱した。いつの世も変化は進化をもたらす。

社会環境変化によって変革を繰り返してきた小売業は、「変化対応業」と言われる。大手の百貨店や量販店、専門店でも変化に対応できずにいると、マーケットから消えていく宿命にある。変化への対応は変化の兆しに気づくことから始まるが、変化に気づいても放っておけば、やがて手の打ちようがなくなる。

変化に対応する商業は、業態開発の歴史でもある。業態とは「モノの売り方」であり、英語ではタイプ・オブ・オペレーション（Type of operation）と表記される。業態とは扱っている商品の種類や業種ではなく、どのような売り方をするかという営業形態の違いを基準とした分類である。物販業種の場合には、百貨店、ショッピングセンター、量販店、スーパーマーケット、コンビニエンスストア、ディスカウントストア、ホームセンター、ドラッグストア、専門店、通信販売、インターネットショッピングなどの業態に分類される。飲食業種の場合なら、ファミリーレストラン、ファーストフード、カフェ、専門料理店、居酒屋などの業態に分類される。

戦後のわが国の商業の業態は、米国を参考にし、日本流にアレンジして成長してきた。米国で確立したスーパーマーケットや専門店などの事業業態を研究し、経営方針、商品、サービス、デザイン、ブランディング、オペレーションなどに統一性を持たせ、直営だけでなくフランチャイズチェーンで多店舗展開するチェーンストアという経営形態を展開してきた。現在はショッピングセンター（ＳＣ）や量販店（ＧＭＳ）、ホームセンター、コンビニエンスストアなど米国で開発されたほとんどの業態は日本に進出した。しかし近年、消費者ニーズとのズレが拡大してしまい、経年劣化や金属疲労を起こす業態も増えている。

百貨店ゼロ県１号となった大沼山形本店

栄枯盛衰は世のならいか、時代の変化とともに小売業態の主役は入れ替わる。１９９１年がピークだった百貨店はドミノ倒しのように閉店が止まらない。日本百貨店協会によると、１９９１年に９・７兆円台まで達した全国の百貨店売上高は２０２１年に４兆円台とほぼ半減し、３００店以上あった店舗数は１８０店舗（23年11月時点）まで落ち込んだ。百貨店ゼロ県は２０００年「大沼山形本店」閉店による山形県から始まり、徳島（そごう徳島店）、岐阜（岐阜高島屋）、島根（一畑百貨店）の４県になった。平成の時代とともに成長を続けてきた日本のＳＣも施設別の優勝劣敗が目立ち、令和の時代ではこれまでの成長・拡大志向とは違う開発や運営の仕方が求められている。特に量販店業態の過去から現在にいたるまでを見ると、商業は変化対応業であることが腑に落ちてくる。

2 変化対応で生まれ不対応で沈んだ量販店

米国で生まれた量販店業態のフロンティア「シアーズ」のルーツから現在までの歩みを辿ると、変化対応こそが商業者にとって生命線であることが分かる。

1886年に米国のミネソタ州で駅員をしていたリチャード・ウォーレン・シアーズは、知人から売れ残った腕時計を購入して、通信販売業態で安く販売するビジネスを始めた。当時の人々は鉄道や馬車を使い、時間をかけて大きな都市まで買い物に出かけていたが、シアーズはカタログを郵送して様々な商品を販売するダイレクトマーケティングで躍進した。その後1925年にシカゴに実店舗第1号店を出店し、食品以外の生活雑貨、家電やインテリアの耐久消費財、衣料品等を総合的に扱うゼネラルマーチャンダイズストア（GMS）を展開した。チェーンストア化による大量出店、大量仕入れによる価格優位性で大量販売する手法により、1980年代初頭までは全米第1位の小売販売チェーンとして君臨した。

チェーンストアはスケールメリットを生かし、どこであっても同質の商品、サービスを提供してくれる安心感があるものの、逆に商品や店舗の差異がないことで差別化ができず、ブランド価値を

2018 年に連邦破産法 11 条を申請したシアーズ

構築できないケースに陥ることがある。

シアーズもその後、世界最大の小売業になったウォルマート、コストコ、ネット通販の巨人・アマゾンや大型ドラッグストアといった他業態によって侵食され、長期間にわたり低迷を続けた。価格や利便性だけでなく、デザイン性や品質の高い専門性を求める消費者のニーズとの溝が広がったことが要因だった。シアーズは２０１８年に連邦破産法11条を申請、同業態のＪＣペニーも破綻した。

百貨店を経営しているメーシーズもＥＣとの競合激化での業績悪化から再建途上にあったが、さらに「２３５０人削減、店舗も閉鎖」というニュースを目にした。従業員の３・５％をレイオフし、カリフォルニア州などの５店舗も閉鎖、組織のスリム化とコスト削減で立て直しを目指すとあった。

日本でも同様に厳しい状況にある。１９７０年代は多くの人が中流だと意識し、「一億総中流時代」と呼ばれた。米国の量販店をアレンジし、食品を主に様々な商品を1か所で購入できるワンストップ・ショッピングの総合スーパー（ＧＭＳ）として、日本流の量販店が誕生した。全国チェーン化が進められ、全盛期だった１９７０年代はイオンやイトーヨーカドー、ダイエー、西友、ユニー、マイカルなどが単独店で展開した。80年代後半から２０１０年頃まではＳＣの核店舗としても全国に展開した。食品で安売りして、収益性の高い衣料品を販売する事業スキームにより、ファミリーの暮らしを支える生活インフラの役割を果たしてきた。

しかし、衣料品の高収益に頼ってきたものの、後段で述べるとおり心の豊かさを求める消費者の変化に対応できず、２０００年には衣料品比率の高かった長崎屋、２００1年にはマイカルが破綻した。かつて小売業で最大の売上高を誇ったダイエーも経営に行き詰まり、ライバル企業だったイオンに買収されるという結果となった。

ユニクロ、ニトリ、無印良品のように、ファッション、ホームセンター、インテリア、家電、スポーツ、雑貨、ディスカウントストア、専門スーパーなど衣食住の専門量販店が消費者に支持され、総合スーパーの市場を侵食してきた。時代は「総合」から「専門」へとシフトした。専門特化した品揃えの専門量販店は、利便性にプラスされた専門性の強みを発揮し、総合スーパーは下着などの実用衣料を除いて年々売り場の活力が失われている。イオンの総合スーパーも低迷を続け、イトーヨーカドーでは店舗統合再編、不採算店舗の大量閉店、そしてアパレル事業からの撤退を決断する

時代対応を求められる総合スーパー業態

など、総合スーパー業態そのものが岐路に立たされている。

手のひらにあるスマートフォンが年中無休かつ24時間営業の売り場となった現在、百貨店、SC、小売店などはどこに課題があるのかを見つけ出すことが重要だ。そして対症療法だけでなく、課題の根底にあるもの、課題の先にあるものを見抜く力が商い人には必携である。マーケティングとは、一般的に使われる販売促進という意味ではなく、顧客の潜在的ニーズを汲み取ることであると理解すべきだ。シアーズや日本の総合スーパーは、時代の欲求を具現化して隆盛となったが、どの時代であっても生活を良くしていくための創意工夫は永遠のテーマである。中間価格帯商品を扱う業態である米国量販店と、中流世帯ファミリーを取り込んだ日本の総合スーパーの足跡を辿ると、社会変化の波に乗った画期的な業態であっても、機能不全によって変化の波にのまれてしまう。まさに「商業は生もの」だと実感する。

3　変化対応を加速させたECの台頭

今までの小売流通市場のあり方を根底から変えたのが、インターネットによる売り買いだった。1994年にアマゾンの創業者ジェフ・ベゾスは、インターネットで書籍を販売する構想を思いつき、米国ワシントン州シアトルの自宅ガレージにて事業をスタートした。設立から3年後の97年には米株式市場ナスダックへの上場を果たし、2001年には音楽やDVD、ゲーム、スポーツ&アウトドアなど商品アイテムを増やした。続いて07年にはオンラインで本が読める「キンドル」を販売、15年には動画見放題サービス「プライムビデオ」、音楽配信サービス「プライムミュージック」などインターネットビジネスを拡大した。

17年には高級食品スーパーマーケット「ホールフーズ」を買収し、18年には無人キャッシュレス店舗「アマゾンゴー」を展開するなど、食のカテゴリーでのリアルとネットの融合に挑んだ。

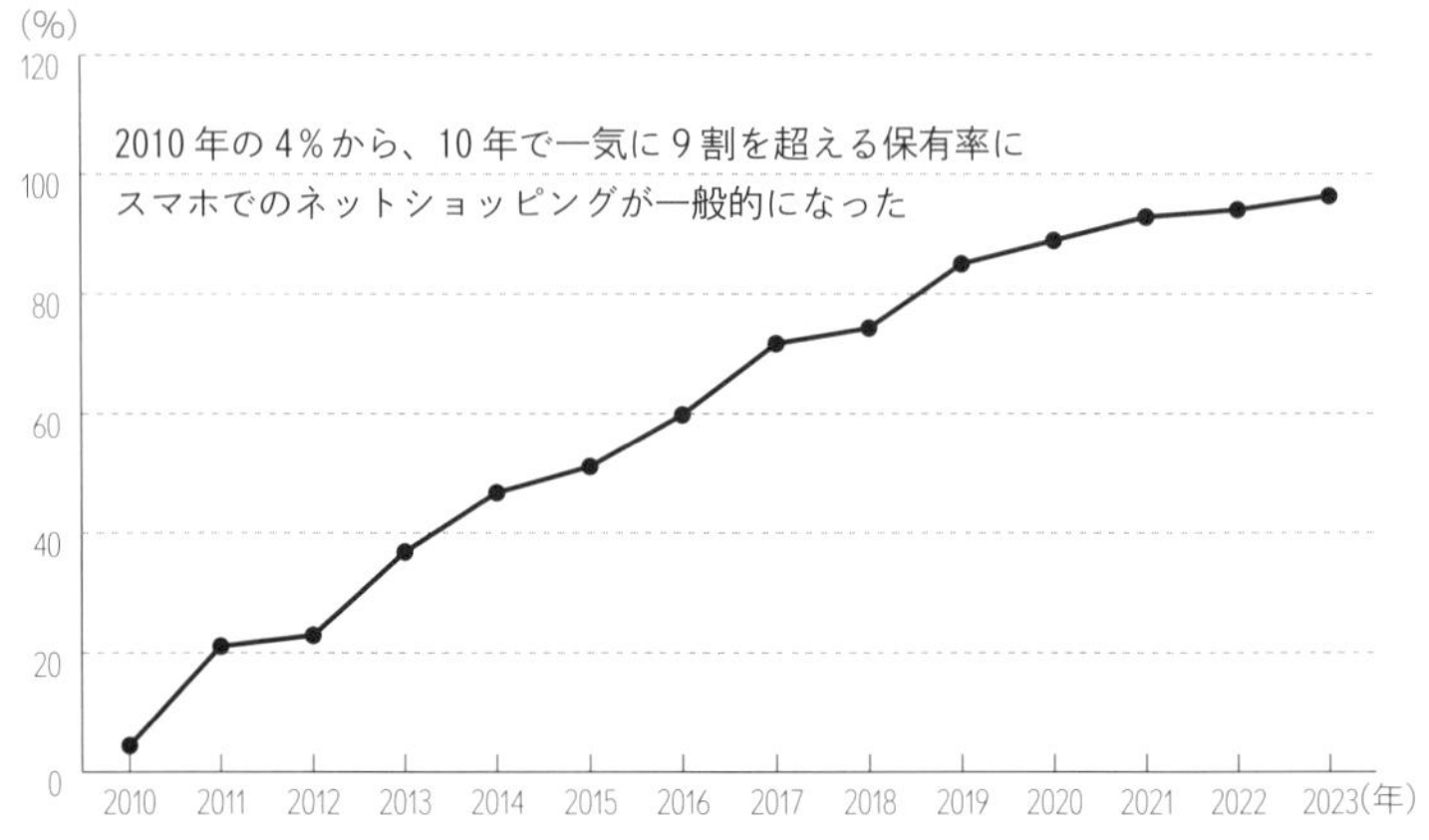

図1　携帯電話とスマートフォン保有比率（出典：NTTドコモモバイル社会研究所）

2023年の売上高は前年比11%増の約5747億ドル（約81兆円）と、世界最大のインターネット小売業となったアマゾン。あらゆる企業・産業をのみ込むことを意味する造語〝アマゾン・エフェクト〟は年々拡大を続けている。

アマゾンに代表されるインターネットによる商取引が、たった30年という短期間で全世界に広がる業態になることを誰が予測できただろうか。デジタル革命は世界中に波及し、世界人口の約77億人のうち、約51億人（67%）がモバイルユーザー、約44億人（57%）がインターネットユーザーになった。内閣府調査によると日本の家庭でのパソコン普及率は1990年代前半までは10%台と一部専門家やマニアに限られていたが、90年代後半からは普及率が急上昇し、2001年には半数を越え国民に広く普及した。2021年のインターネットに接続する情報通信機器の世帯保有率は、モ

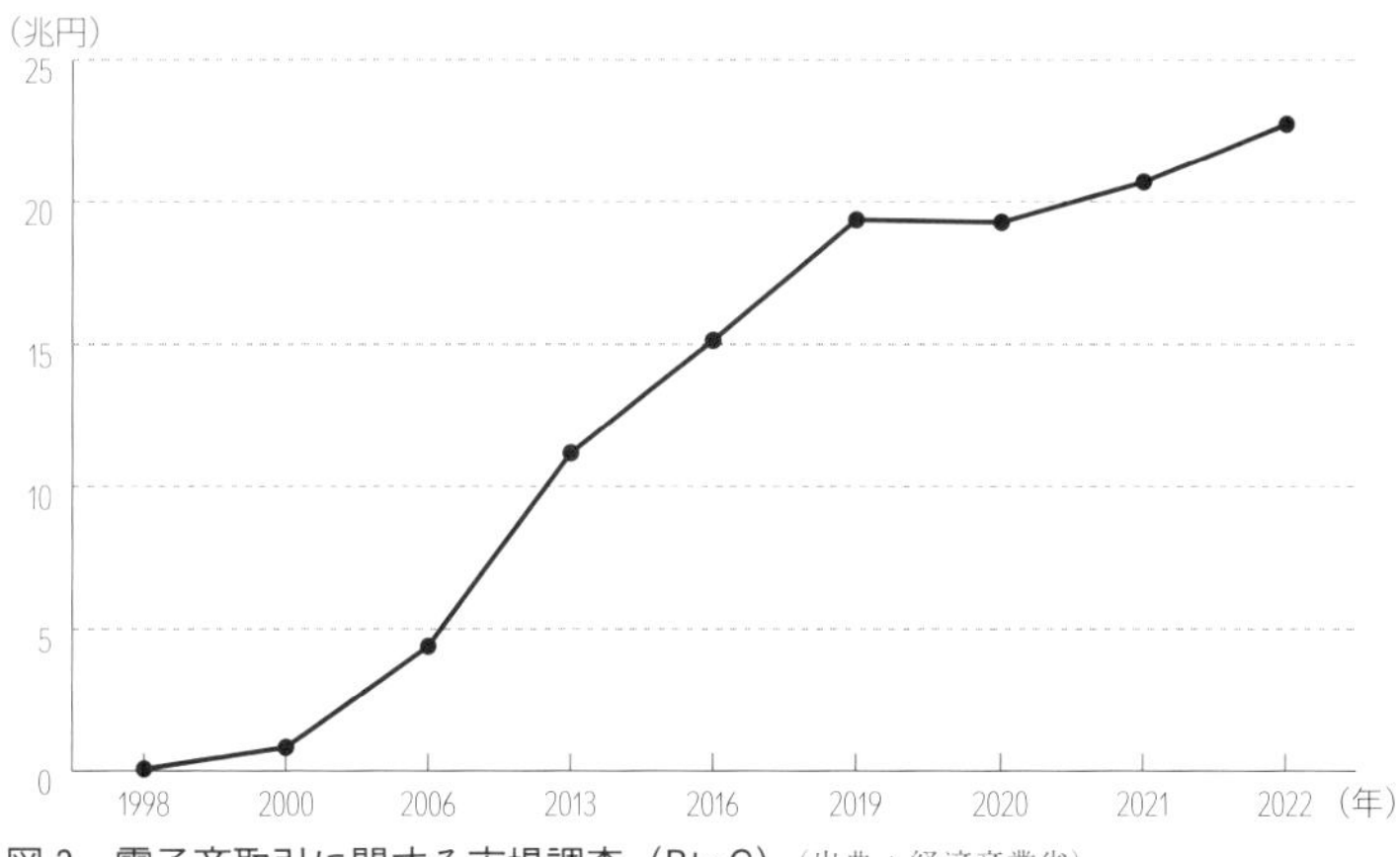

図２　電子商取引に関する市場調査（BtoC）（出典：経済産業省）

バイル端末全体で97％であり、その内数であるスマートフォンは89％、パソコンは70％となっている。

ネットとリアル（実店舗）を含めた全商取引のうち、ＥＣ（Electronic Commerce ＝消費者向け電子商取引）はＥコマースと呼ばれ、２０２３年１月の経済産業省の「電子商取引に関する市場調査（BtoC）」によると、２０２２年の日本国内のＥＣ市場規模は、前年比11％増の22兆７４４９億円に拡大した。数年後には30兆円超えも視野に入り、今後もＥＣ市場の拡大が予想されている。日本で統計を取り始めた１９９８年は６４５億円だったので、２０２２年までの24年間で35倍の市場規模となっている。いかにＥＣが急スピードで市場を席巻していったかが分かる。**図２**のグラフを見ると２０２０年に前年を下回ったのは、コロナ禍で物販は拡大したものの、外出規制もあったことで旅行・サービス業の大幅減による特殊要因であり、２０２１年には20兆円の大台を超えた。また、大企業だけでなく個人事業者にいたるまでの企業間取引であるBtoB-EC（企業間電子商取引）は、日本国内市場規模では前年比12・8％増の420兆円と大きな広がりが続く。

一方、企業サイドはデジタル化によって多面的に顧客とつながるようになり、得られたデータを元に商品・サービス開発や販売促進に活用するなど、テクノロジーは日々アップデートを続けている。EC市場はインターネットの普及とスマートフォンの利用拡大、キャッシュレス決済の普及により、今後も成長を続けると予測されている。

2023年7月30日付けの日本経済新聞は、業務用リテール（小売）とテクノロジー（技術）を組み合わせたリテールテックによるイノベーションが急速に進んだと報じた。ITによる在庫管理、物流など小売業の現場を効率化させる次世代技術、倉庫や店舗のカメラやセンサーのデータを人工知能（AI）が分析し、ロボットが商品を棚から自動で抜き出し、商品の陳列を変える、またスマートフォンの位置情報や決済アプリを使った無人店舗の運営など、小売流通業はITへの投資を深めている。

このようにECの浸透によって、商業を取り巻く環境は急変した。これからもECのイノベーションは進化を続けるだろう。しかしながら、不確実性の高い今の時代、重要となるのは顧客が本当に求めていることを創造できるか、である。これは今後ネットの利便性が当たり前になったとき、ネットビジネスにも問われていく。イノベーションはどの時代でも、どの業種業態でも永遠のテーマである。

4 「物の豊かさ」から「心の豊かさ」への対応

築地本願寺の挑戦

商業空間ではないが、寺社空間で、思いもよらない創造性でイノベーションに成功したケースを紹介しよう。

東京・築地にある「築地本願寺」は1679年に現地に建立された。400年を超える歴史があるが、参拝者は年々減少し赤字経営に陥っていた。2015年に銀行勤務をへて、コンサルティング会社を経営していた安永雄玄氏が宗務長に就任し、寺院経営の大改革に着手した。銀座にも歩いていける立地資源を生かし、誰でもが気軽に訪れる存在となる「開かれたお寺」へのイノベーションに挑んだ。

2017年には施設内に「築地本願寺カフェ「Tsumugi」が出店、寺院に誰もが気軽に立ち寄れ

時代変化対応する築地本願寺「カフェ Tsumugi」

るようになった。本堂を眺めながら、築地の名店から取り寄せた食材中心の〝18品の朝ごはん〟の朝食体験が人気となり、マスコミ取材やSNS紹介もあって、カフェが入口となって結果的に本堂へ参拝する人が急増した。

2020年にはブックカフェ業態に改装した。店内では配膳ロボットが動き回り、予約はAIが応対するなど画期的な試みを重ねている。

デジタルと最も縁遠そうな存在の寺院の運営でDX化に取り組み、門信徒のデータベース化、YouTube の動画配信、法要のライブ配信をはじめ、月1回の英語の法話には海外の視聴者も参加できるようにするなど、リアルとデジタルとの融合を強化した。

この試みを見て思い浮かべたのは、「マーケティングは商業的な分野だけでなく、社会のあらゆる分野に応用できる学問だ」というマーケティングの神様フィリップ・コトラー教授の言葉だ。創造性は突破力のエンジンであり、実店舗ではECにはできないリアルメリットを生かし、築地本願寺のように人がわざわざ足を運ぶだけの理由を創造し、事業展開をしていけるかが問われる。リアルの強みは、現場での感動やコミュニケーションにある。リアルメリットを極めるには、ECにはできない現場での体験価値から共感力をつくりだしていくことにある。

人々の求める豊かさの変化

内閣府の「国民生活に関する世論調査」のなかで、筆者は「今後、重視するのは『心の豊かさ』か『物の豊かさ』か」の設問を注視している。調査が始まった1972年時点では『物の豊かさ』が40%と『心の豊かさ』37%を上回っていたが、78年からは物の満足ではなく、心の豊かさが上回るようになった。物の豊かさを求めていた時代は、店頭で「これが売れています」「みんなが買っています」と言われると、人はその物を購入する傾向があり大衆化社会と言われた。83年に東京ディズニーランドが開業すると、初年度に1千万人を超える人々が全国から訪れ、東京ディズニーリゾートとなった現在は2630万人（2023年度）の入園者数となった。東京ディズニーランドの成功は、人々が『物の豊かさ』から『心の豊かさ』の満足体験に価値を見出すようになったことを象徴している証左であろう。

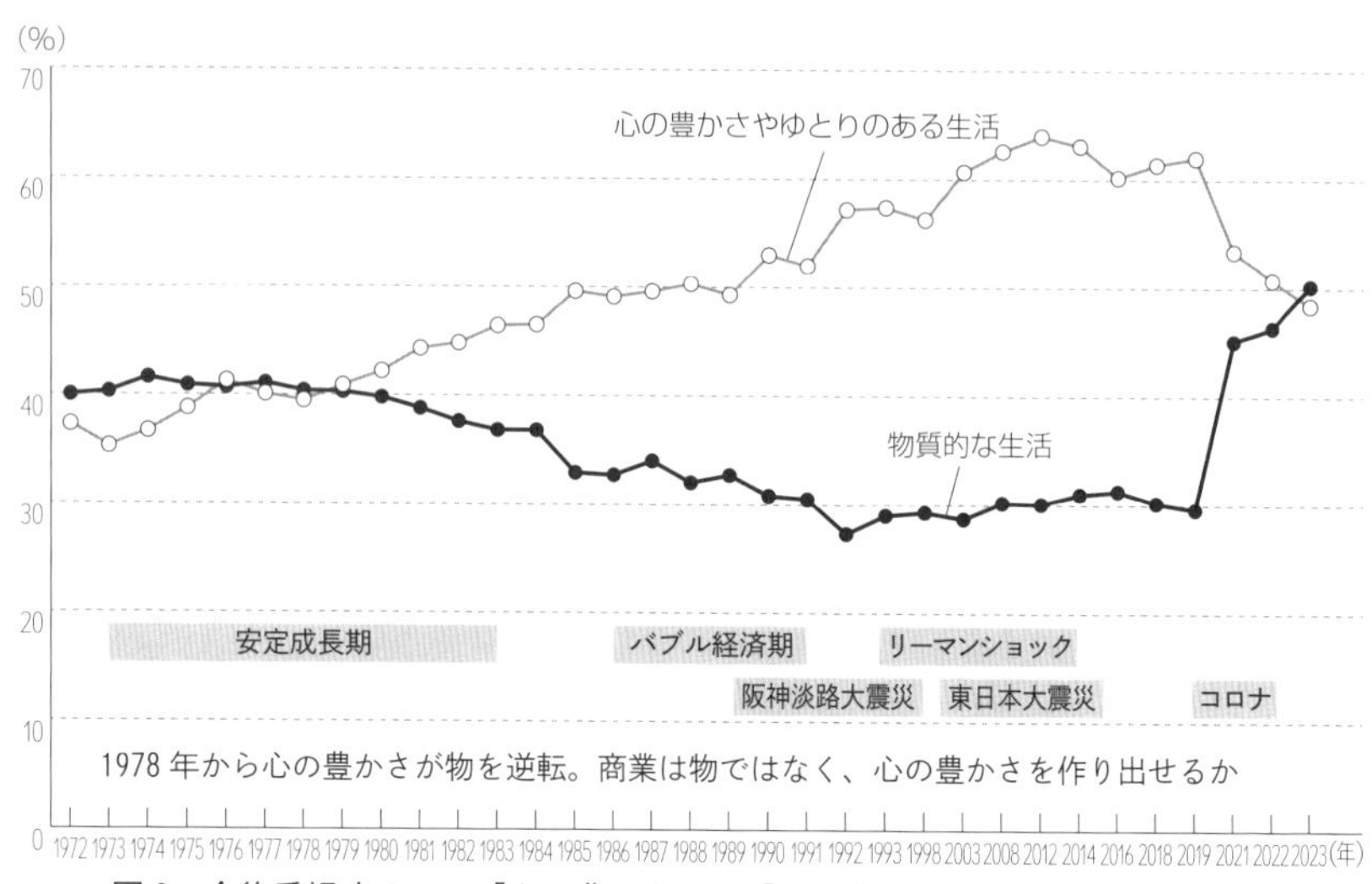

図3　今後重視するのは「心の豊かさ」か「物の豊かさ」か（出典：内閣府「国民生活に関する世論調査」）

２０２１年度調査ではコロナ禍で経済的困窮層が相当程度増えたことで、「心の豊かさ」は53％、「物の豊かさ」は45％と「物」が急上昇し、２０２３年調査でも同傾向が続いたが、依然半数近くは心の豊かさを重視している。昨今の消費動向を見ると、総合スーパーやチェーン店での無難さの何かが人々の心に引っかかってきたように映る。それは、物が溢れるにつれて、心の満足を感じているかという疑問であり、疑問が強くなるにつれ特徴のない商品に対し、徐々に距離を置くようになったと推察する。ただし、物欲がなくなったと言っても、物に興味がなくなったわけではなく、自分にとって大事な物を見極める力がついてきたというのが正解だろう。単に物を消費する消費者という見方から、心の豊かさを大切にして豊かに暮らす、過ごすために消費活動をする現代生活者という表現が心の豊かさ時代にはあてはまってきた。

心の豊かさを求める現代生活者の台頭は、都市計画や街づくり、地域再生にも影響を及ぼす。今までのハード志向であった道路、広場、公園、図書館といった公共空間が、人々の居心地の良さやコミュニティを育てるソフト志向へと急速に変化してきた。

国の政策も心の豊かさへと変わったと実感したのは2021年に開催された「近畿圏における副市長懇話会」で、元国土交通省大臣官房技術審議官渡邉浩司氏（現在、一般財団法人民間都市開発推進機構常務理事）、大阪市高橋徹副市長、筆者の3人で講演をした際だった。当時、渡邉氏はウォーカブル施策のリーダーとして、街づくりの価値観の転換を試みていた。渡邉氏は、「昔はハード整備が不足していたが、現在はハードをつくっても需要がない。需要を生みだすようなハード整備をするには、ハード先行ではなく使われ方が重視される」と話し、「自治体にはざっと考えて市町村の面積に対して街路15％、公園3％、学校などの施設2％くらいの公共資産がある」と続けた。この既存のインフラをどう生かすことができるかが重要だと訴え、これからの都市政策は、人間中心のウォーカブルな街づくりになると力説した。

高橋副市長はテーマである「大阪の都市づくり」において、二つの大きな目標を掲げた。一つは「新しい生活スタイルに対応した街づくりの推進」。二つは「インフラの有効活用による憩いの場の創出」だった。過去の多くの都市政策は政治の影響を受けて、道路、河川、湾岸整備、公共施設と

近畿圏副市長懇話会にて新政策を話す高橋大阪副市長

いったハード系公共投資によって、「もっと大きく、もっと便利に」を優先した。しかし、大阪の未来図は「人」に焦点を当てた新たな価値を創出する取り組みであり、地域社会における心の豊かさを求める生活者に応える画期的な政策だ。

先行しているのが、大阪万博開催に向けて大阪市と地域関係者が公民一体となって進めている「なんば駅周辺道路空間の再編に係る基本計画」、および「なんば駅周辺における空間再編推進事業整備プラン」に基づいた都市空間再生づくりである。背景には、大阪ミナミの中心に位置する南海なんば駅前は、多くの国内外の来街者が往来する賑わいの場所ながら、「なんさん通り」は歩道が狭く放置自転車が多く、「駅前広場」は空間の大半をタクシー車両等が占めており、時代にそぐわなくなっていたことがある。大阪の南の玄関口として上質で居心地の良い空

歩行路拡張工事が進む御堂筋

間、多様な活動のステージの場となることを目指し、2023年11月23日に「なんば広場」が誕生した。人公と民が議論や社会実験を繰り返して実現した、人と人、人と街が交差する全体面積約6千㎡の広場は、難波エリアの新たなシンボルとなっていくだろう。

一方、梅田から難波まで走る南北の国道の御堂筋。もともとは全長1・3㎞の狭く短い道だったが、明治には梅田と難波に駅ができていたことから大阪市が「都市大改造計画」を打ち出し、幅員44mのメインストリートが1937年に開通した。道路の下に地下鉄を走らせるなど、長きにわたり渋滞緩和や街路の賑わいを担ってきたが、昨今は公共交通機関の発達や若い世代の車離れなどで自動車通行量が減少し、大阪市は車中心から、歩行者中心の道路に変えていく進路を選んだ。

御堂筋を世界に誇れる「人」中心のストリートに

空間再編し、新たな魅力や価値を創出するストリートを目指したウォーカブル施策の目玉となる御堂筋での歩行化は、２０２０年11月に歩道のなかに歩行者の利便増進を図る空間を設けることができる「歩行者利便増進道路」（通称：ほこみち）制度の第1号に御堂筋が指定されたことで一挙に進んだ。その第一弾として側道の歩行者空間化を進め、２０２５年3月までには道頓堀川から長堀通り、２０２５年3月以降には南海難波駅から淀屋橋までの約３㎞の2車線歩道化が進行中であり、「人」中心の都市政策が実施されている。

渡邉氏の提言と同様に、根底にあるのはハード先行ではなく、どう使われるかにある。使われ方を重視したインフラ再生であり、それは現代生活者が心の豊かさを求める「幸せの基準」が変わったことを示唆している。ウォーカブル推進法（改正都市再生特別措置法）により街なかの公民連携が進み、街路に新たな賑わいができ、ストリート商業が全国に広がるだろう。24年3月28日、政府は地方の道路での屋台やテラス席の設置などの商業利用申請手続きを、役所や警察での対面審査をなくし、オンライン手続きで完結できるようにすると発表した。「車に優しい道路と、人に優しい街路」の共存が図られ、街路からは界隈性が滲み出す風景となることを期待したい。

第2章

エリア価値を上げた商業施設の開発

1 街のエリア価値をつくったラゾーナ川崎プラザ

ＳＣビジネスは大手流通、不動産、鉄道、商社、住宅メーカーなどが、産業構造の変化で生じた遊休地や農地転用を利活用して参入し拡大を続けてきた。出店規制を緩和した大規模小売店舗立地法が１９９８年に成立したこともあって、全国津々浦々に郊外型ＳＣが開発された。

今回のテーマである「街づくり×商業」による開発で、最大の街のエリア価値をつくったＳＣの代表例が「ラゾーナ川崎プラザ（以下、ラゾーナ）」である。第1章で述べたように、変化対応業と言われる商業施設や店舗が、モノからコトそして心の体験価値へと変わったことを見据え、今も街とともに成長を続けている。以下に紹介する「街づくり×商業」の大きな可能性を立証した〝軌跡〟を読んでいただければ、〝奇跡〟を起こした最高傑作の商業施設だと分かるだろう。

戦後、川崎駅東側には繁華街が形成され、多くの映画館と商店街や百貨店が集積していたが、横浜駅周辺が栄え始めたことで川崎の地盤沈下が始まった。駅周辺には公営ギャンブルに興じる人々や路上生活者もたむろし、女性やカップルが過ごす場所にはほど遠く、東京や横浜への買い物客流出が止まらずにいた。百貨店は次々と苦境に陥り、岡田屋は専門店ビルに業態を変え、２００３年

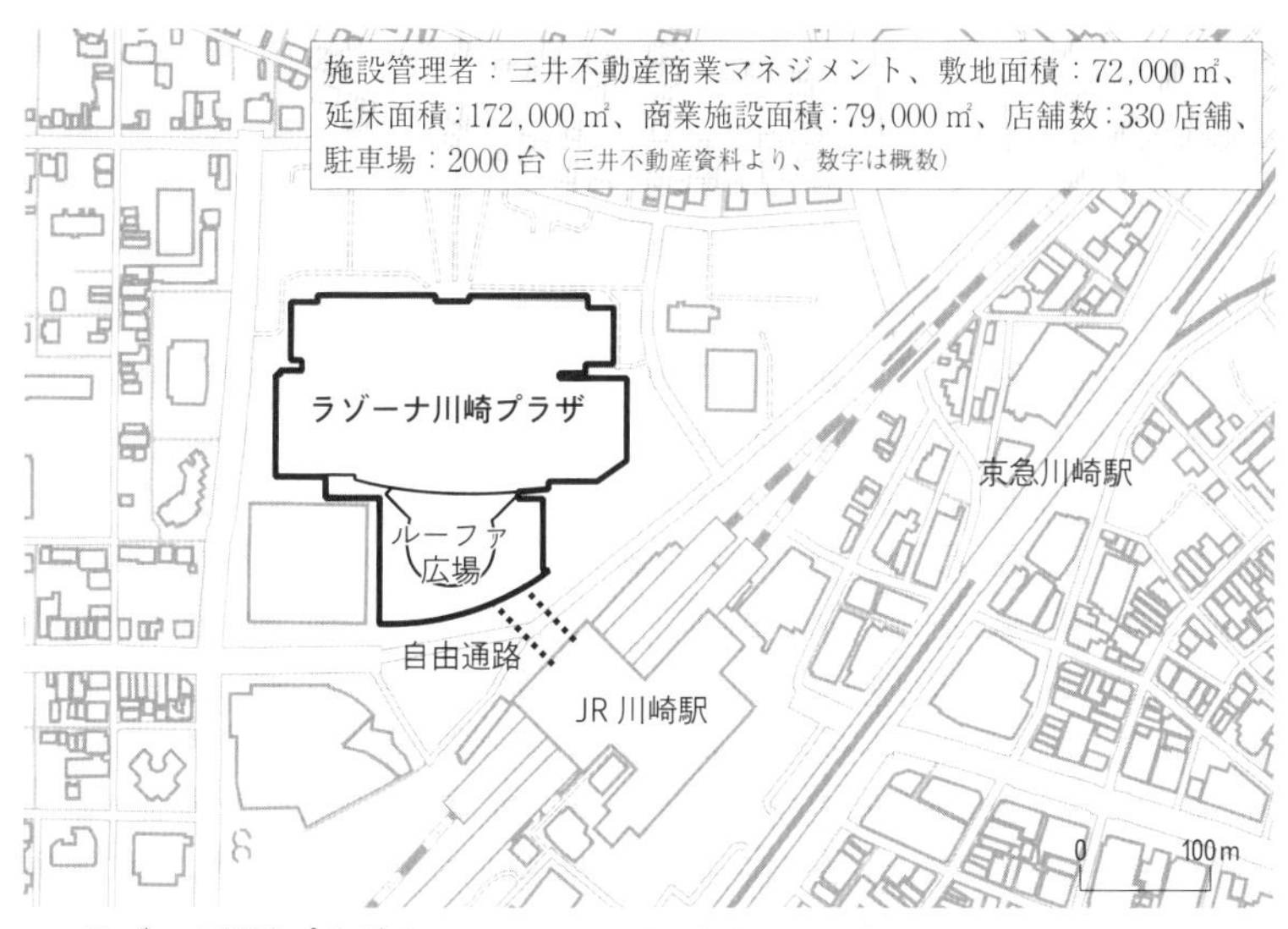

ラゾーナ川崎プラザ（ベース地図：国土地理院地図 Vector）

には西武百貨店が閉店、その後丸井や川崎駅前の百貨店を代表するさいか屋も15年に閉店した。当時は川崎市外に流出する消費額は2千億円を超えると算出され、地域間競争においては完全に敗者の街だった。

２００６年、川崎駅西口の東芝工場再開発事業において、ＮＲＥＧ東芝不動産と三井不動産との共同事業によりラゾーナが開業し、川崎駅が東口と西口に開かれた。当時、三井不動産はラゾーナのほかに横浜、豊洲、柏の葉、川崎と4か所の大型開発案件を同時に進行していた。一方、筆者は前職の丹青社の企画・テナント情報部の責任者をしていたことで、専門店のリーシング協力に参画した。川崎駅はＪＲと京急電鉄の主要ターミナル駅であり、神奈川県内では横浜駅に次いで2番目に乗降客数の多い駅だったが、ラゾーナ案件をリーシング候補の専門店に打診すると、「川崎以外の他の案件ならば前向きに出店を検討する」と答えた

ラゾーナ川崎プラザ、街に開かれた開放的な広場空間

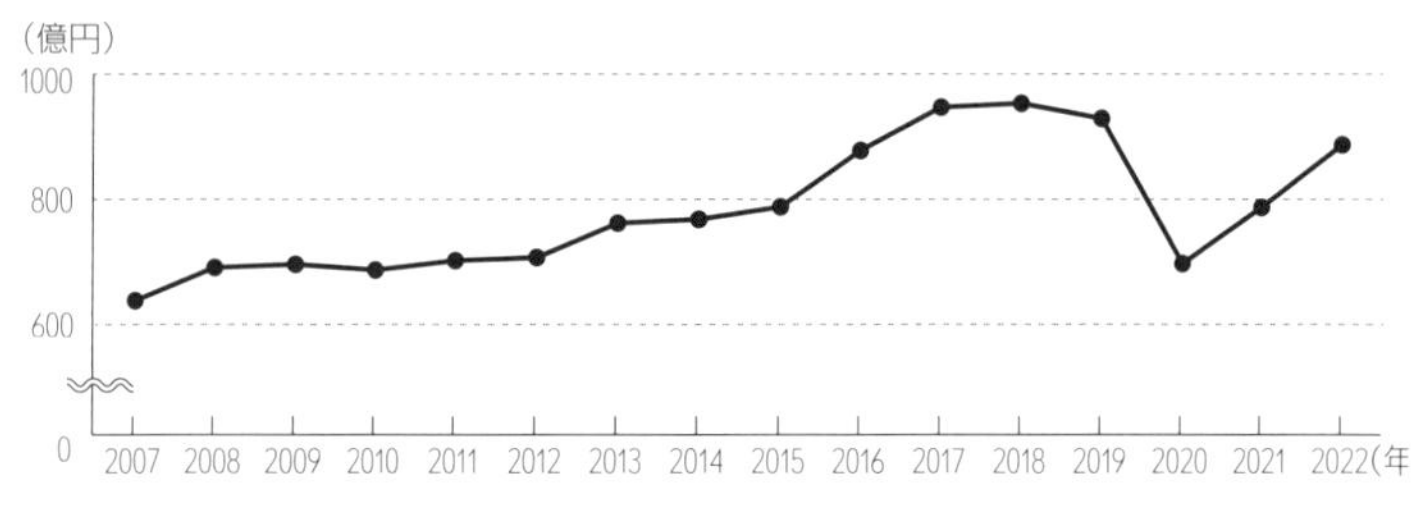

図１　ラゾーナ川崎プラザ売上推移（出典：織研新聞社「SC売上高ランキング」）

相手もあり、地域間競争で負け続ける川崎駅周辺地区での大型商業施設成立可能性をかなり低く見る向きがあった。

ところがラゾーナが開業すると川崎駅を訪れる人、川崎駅で下車する人が急増し、開業翌年の２００７年度には６３８億円を売り上げ、その後も右肩上がりに伸ばした。２０２２年度は８８７億円を売り上げ、御殿場プレミアム・アウトレットの９７６億円に次いで、ＳＣでは全国第２位の売上高という驚異的な成長を続けている。

新型コロナウイルス感染前の来場者数は３８００万人を超え、三井不動産が所有する商業施設のなかでもトップクラスのＲＳＣ（広域商圏型ＳＣ）施設となっている。ラゾーナのように広域から集客する大型ＳＣはリージョナル・ショッピング・センター（Regional Shopping Center）と業態分類されＲＳＣと略される。車での来場を想定し、大きな敷地を借りやすい郊外に立地する「郊外型ＲＳＣ」タイプがほとんどだが、筆者は都市中心部の駅と隣接したＲＳＣを「都市型ＲＳＣ」として分けており、他に阪急西宮ガーデンズ、あべのキューズモール、テラスモール湘南等が挙げられる。

都市型ＲＳＣの特徴は、ワンストップ・ショッピングによって百貨店や駅

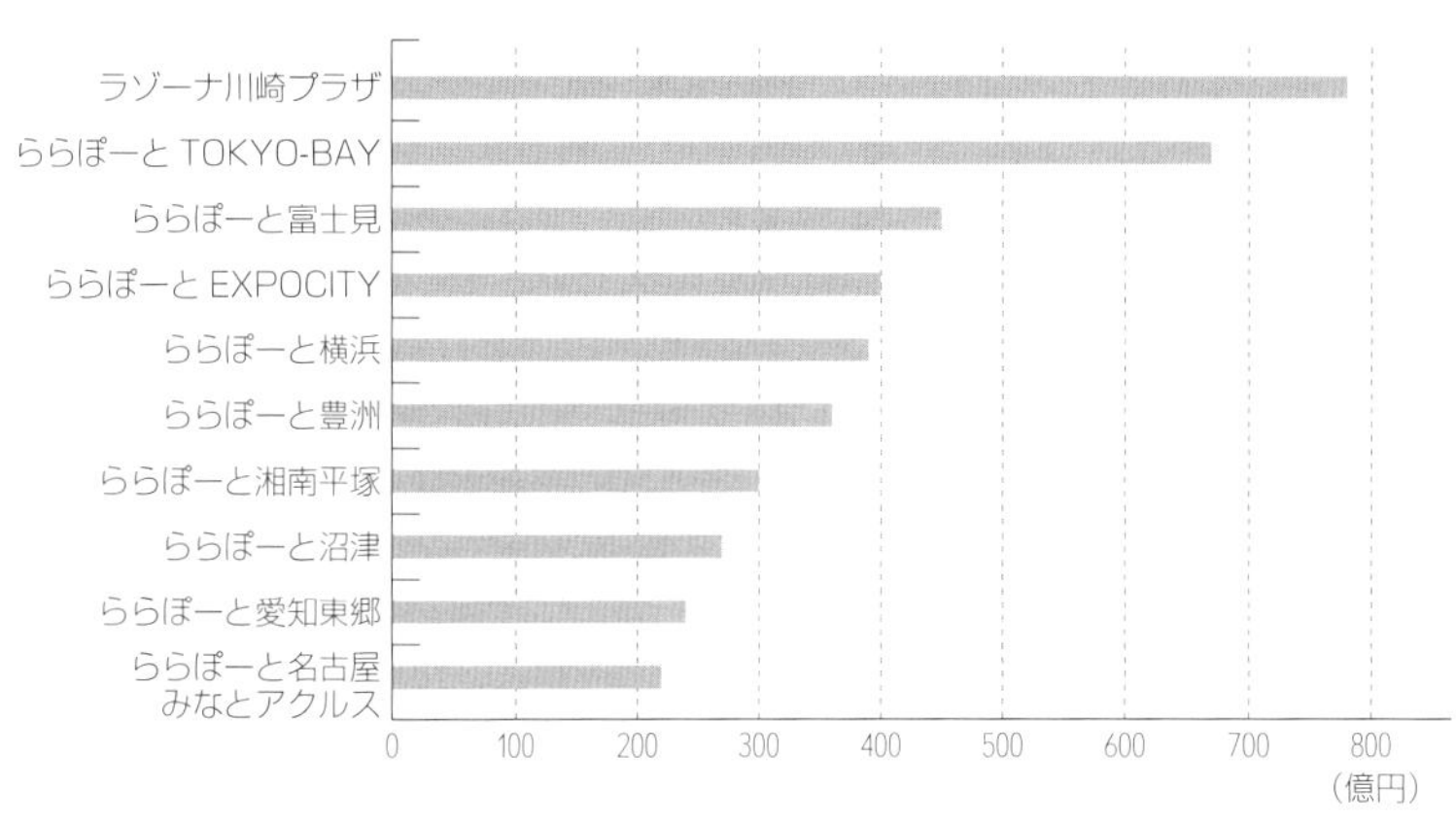

図2　2022年度三井不動産リージョナル型施設（店舗面積上位10物件）の売上
（出典：三井不動産2023年3月決算発表資料）

ビルとの差別化を図れること。駅周辺の住民ニーズと通勤帰りに応える商材が充実していること。郊外型ＲＳＣと比べると、天候や休日・平日に左右されずに来館頻度が高く、学生、ＯＬ、ファミリー、シニアといった幅広い客層を取り込めることが挙げられる。

なぜラゾーナは成功を遂げたのか。その最大の理由は、街の居場所になった秀逸なパブリック空間と、時代の半歩先を行くテナント構成を実現し、常に高感度なアップデートを続けていることである。ラゾーナで最初に出会うのは直径約60ｍの「ルーファ広場」。人工空間でありながら自然空間に感じられるのは、開けた広場から太陽の光を感じ、芝生の周囲に植えられた樹木や心地よいベンチがリラックス感を醸し出すからだ。

また昼と夜ではまったく異なった雰囲気となり、光、音など様々な演出で来館者を魅了する。郊外型ＲＳＣでは飲食店の夕食需要はさほど強くはないが、ラゾーナでは広場が借景になり、ファミリーやカップルの夕食需要を獲得している。二つのステ

ラゾーナ川崎プラザ、広場空間と通路、店舗

ージでは頻繁にライブやトークイベントなどが開催され、「パブリック空間が居心地の良い街の居場所」としての役割を果たしている。

ＪＲ改札口を出てエスカレーターを下ると、生鮮食品、惣菜、グロサリー、和洋菓子、スーパーマーケット、フードコート、カフェといった食のニーズがすべて揃う「グランフード」に直結し、食だけを求める利便性にも対応している。川崎駅エリア最大規模の食物販ゾーンでは、多様な食シーンへの回遊性を強化し、利便性とともに豊かな食のライフスタイルを提案する。大きな食ゾーンであっても「高感度な食のライフスタイルコンセプト」にこだわるのは、食は顧客が幾度も施設に足を運ぶきっかけになるからだ。川崎ではすべての百貨店が撤退したこともあり、デパ地下で扱うような惣菜や贈答品に見合う品揃えにも力を入れており、食シーンのダイナミックな魅力をつくっている。

食の充実も含めラゾーナの強さは、トレンドをリードする高感度なテナント構成にある。都市生活者が望むライフスタイル・マーチャンダイジング（MD）を導入することで、郊外型RSCとは一線を画した差別化を貫く。2012年に1回目のリニューアルを敢行し、セレクト系ファッションテナントが出店した。2018年のリニューアルではテスラ、タグ・ホイヤー、ロンハーマン、ビームスなど高感度店舗が出店し、2019年には広場中央前のZARAが移転し、そこに世界の先端都市の潮流である大型アップルストアを導入できたのも、広場から

JR改札口近くには食品売り場直通エスカレーターを設置

夜になっても賑わいが続くラゾーナ川崎

広がる都市型ライフスタイルの世界観を出店者側が評価したからである。

「10代から60代まで平均して同じような数で来館する」と、運営をする三井不動産商業マネジメントの館長はラゾーナの特異性を語った。郊外型ＲＳＣの主たるターゲットはファミリーであり、駅ビルは学生、ＯＬがメインのターゲットだが、都市型ＲＳＣのラゾーナではターゲットの山がなく、それぞれのライフスタイルに寄り添うことでオールターゲットの取り込みが、成功要因となっている。

ラゾーナの成功は日本最大級の売上高だけではない。駅周辺の治安も改善されて街のイメージが大きく変わり、街全体の品質を上げて、シビックプライド（civic pride）を醸成できたことは街づくりに大きな役割を果たしてきた証である。シビックプライドとは、個々人が都市や街に抱く誇りや愛着のこと。一人一人が都市を構成する一員であるという当事者意識を持って行動することは、都市づくり、街づくりにつながる。それを裏付けるように、ラゾーナ開業前の２０００年の川崎市の人口は１２４万人だったが、２００７年には１３７万人、２０１３年には１４５万、２０１８年には１４９万、２０２４年4月には１５５万人を突破し、年々増加を続けている。今や川崎は住んでみたくなる街へと変わっていった。

「街づくりでどれだけ社会貢献できるかが重要な時代になった今、社会価値を生みだす企業であり続けたい」と三井不動産菰田正信前社長は公言した。駅ビルに多く見られる乗降客を囲い込む利便型施設づくりと異なり、街に開かれる場であったことが効果をもたらした。公共交通機関と一緒になった商業施設は、規模と業態開発が嚙み合うと街づくりに大きな影響を与える。人口減少と高齢化が進む時代にあって、多様な世代が集まるハイブリッドな業態構造の都市型RSCには、都市街づくりにつながる世界に類例のない日本型商業モデルとして大きな期待ができよう。

2 — 地域と共生するあべのキューズモール

「あべのキューズモール」もラゾーナ同様に立地創造により、街のエリア価値をつくった商業施設である。1976年から大阪市が施行者となり、阿倍野地区第二種市街地再開発事業として約28haの敷地に権利者数3千人以上を対象に再開発計画が進められた。複雑な権利が絡んだ多難な再開発事業の経緯があり、当初予定されていたそごう百貨店出店が撤回され、2度目の外資系デベロッパー参画も頓挫した。3度目の正直で事業協力者となったのが東急不動産だった。苦節35年の時をへて、2011年に誕生したのがキューズモールであった。

JR西日本大阪環状線、阪和線、大阪メトロ御堂筋線、谷町線、近鉄線、阪堺線が乗り入れる天

Q's

あべのキューズモールのスカイコート（提供：東急不動産）

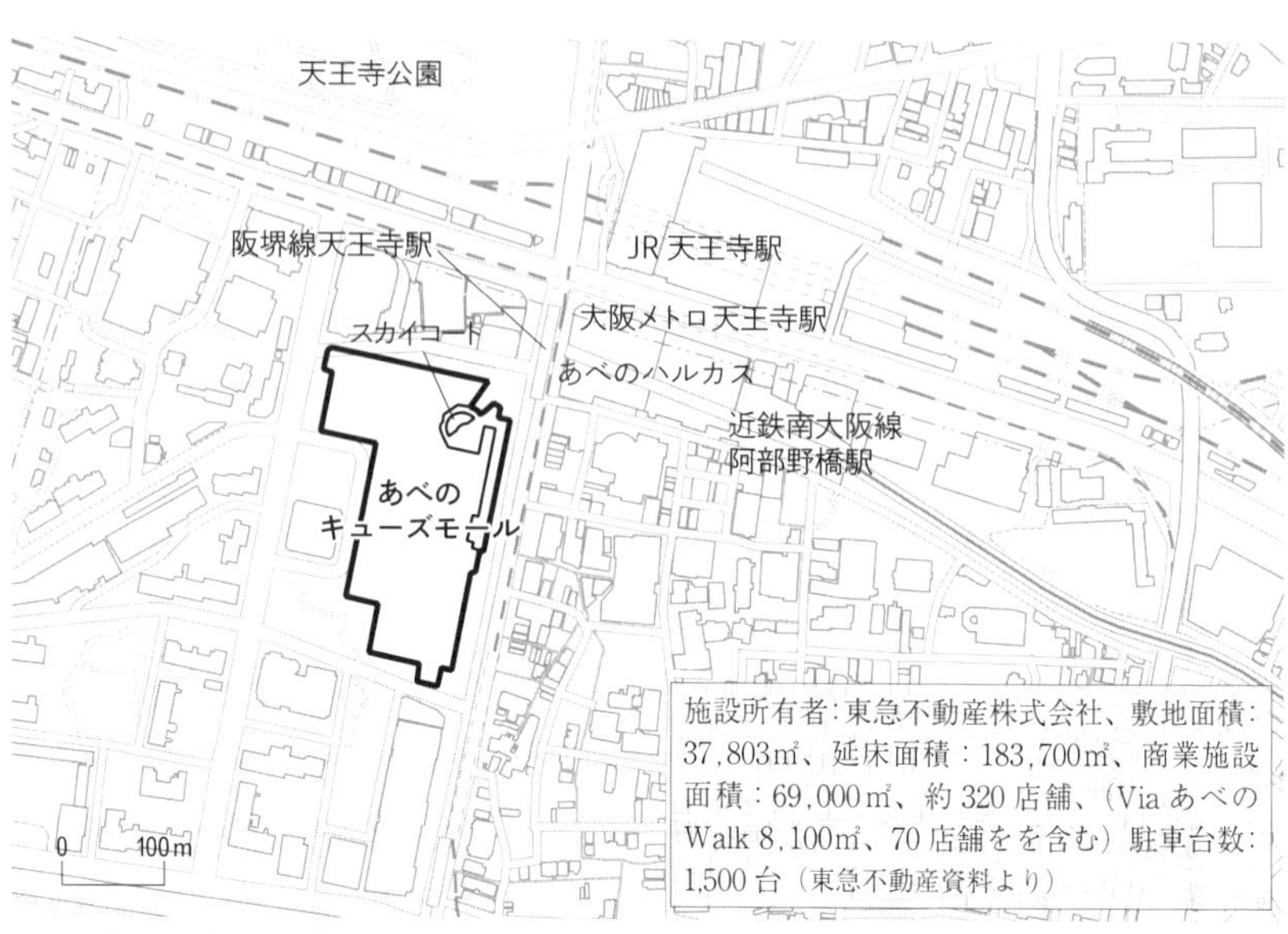

あべのキューズモール（ベース地図：国土地理院地図 Vector）

王寺駅、阿倍野駅は、梅田、難波に次ぐ1日の乗降客数が約80万人という大阪南部の大ターミナル駅であり、駅周辺には近鉄百貨店、ＪＲ西日本の大型駅ビルＭＩＯ、専門店ビル等が集積する。当該地はＪＲ天王寺駅から徒歩3分、大阪メトロ天王寺駅から徒歩2分、近鉄大阪阿部野橋駅から徒歩3分、阪堺電車天王寺駅前から徒歩2分の立地に位置する。

事業形態としては区分所有建物の一部を東急不動産が大阪市から借り受けて施設を運営するスキームをとっている。開発戦略は、駅直結の百貨店や商業施設と差別化しつつ、ミナミの心斎橋や難波とは異なる下町の阿倍野・天王寺らしい立地特性を生かした親しみある地域共生に照準を合わせた。

地域の人たちが欲していた肩肘張らないカジュアルさを前面に出し、イトーヨーカドー、ＳＨＩＢＵＹＡ１０９ ＡＢＥＮＯを中心に専門店、飲食店を

食が充実するあべのキューズモール

複合させ、「街は、おおらか。人は、ほがらか。」をブランドコンセプトに掲げた。周辺地域に暮らす人々、近隣で働く人々、訪れる人々との心を通わせるコミュニティづくりを目指した結果、初年度売上高は目標の400億を上回る450億円を達成、当初予測していた来館者数の1700万人をはるかに上回る2700万人が来館した。

百貨店や駅ビルと異なったのは、1回の平均購買金額は少ないものの、毎日のように訪れる来店客も多く、一人当たりの来店頻度が高くなることでトータルの購入金額が嵩上げされることだ。平日の午前中から午後にかけては、近隣の子育てファミリーやシニアが多く訪れ、夕方からは学生やOLも加わった多様な客層に変わる。休日にはパブリックスペースでのイベントも数多く開催され、平日と土日休祭日の差が少ない都市型RSCの特徴を利点に成長を

あべのキューズモール入口の階段

続けた。現在の構成は、店舗数約２５０店、賃貸面積約６万９００㎡、売上高約５００億円と都市型ＲＳＣ成功事例となった。

あべのキューズモールのパブリックスペースには、スカイコートという大きな開放された広場がある。ここでは様々なイベントが開催されるのはラゾーナと同様だ。ヨーロッパの街なかにある多くの広場は、自然と人が集まり人と接して緩やかな関係がつくられるように設計されている。ＳＣが成熟化するにつれて、物質的満足を得た現代生活者は心地よい開放性も求めてきた。街に開かれた再開発事業としてキューズモールが果たした役割は大きい。都市型ＲＳＣはエリア価値を上げ、地域のライフスタイルを向上させている。

昭和、平成をへてきた令和の時代には「ショッピングモール」というネーミングよりも、人と人、人とモノ、人と幸せをつくりだす「ギャザリングモール」という名称がふさわしいかもしれない。

現在はさらなるバリューアップを目指し、キューズモール各施設で実践しているのがギャザリングである。なぜギャザリングを運営戦略として導入したのかを含め、第3章『「街づくり×商業」によるＳＣ運営』にて詳しく述べる。

3　近隣型商業施設による子育て世代の居場所形成

ＳＣは夫婦と子どもからなるファミリー世帯をメインターゲットにして成長を続けてきた。しかし、昨今拡大するネット通販との競合に加え、増えすぎたＳＣの過剰感は否めない。米国や中国での廃墟化するデッドモールの現実を目の当たりにすると、どうしても行く末が気がかりになる。米国の古いＳＣや地方都市にある付加価値の低いモールの不動産価値が２０１６年比で70％も下落し、モールの多くが債務不履行状態になっていると米国ウォール・ストリート・ジャーナルが２０２３年に報じた。米国ではＳＣの優劣が鮮明になってきた。

先般、30年を経過した東北地方の某大型ＳＣを訪れた際、このままでは日本でもデッドモール化が進むと感じた。これまでは増床やテナントの入れ替えで対応してきたが、経年とともに不揃いになってしまったテナント構成と環境の陳腐化に目を覆った。来店客と販売スタッフにワクワク感が乏しく、リアルだからこそできる五感に響く楽しさが消滅し、骨格から中身までの大手術が避けられない状態だった。このSCはファミリー世帯と30年の人生の歩みに合わせた関係性を築いてきたが、当時の30代ファミリーは60代のシニア世帯に、小学生は40代になった。彼らが求めるものは大きく変わってしまった。同様に全国の新興住宅地として開発されたエリアには少子化、高齢化などの社会課題が押し寄せたが、その対応は多くのSCで不十分だった。

2023年7月に厚生労働省が発表した「国民生活基礎調査」では、18歳未満の児童がいる世帯は991万世帯と、1年間で一気に82万世帯も減少した。全世帯のうち子どものいる世帯割合は18.3%となり、単身世帯、子どものいない夫婦二人世帯が急増している。2035年には未婚化、非婚化、高齢単身者の増加により、全世帯の半数が単身世帯になると予測されている。夫婦+子どもという核家族を前提としてきたSCビジネスは、大転換期に遭遇している。

人間にとって大切なことは、日々の生活のなかでリフレッシュする場所があること。そして人との出会いや会話である。これからは時間をかけて車で出かける大きなSCではなく、身近な場所でのショッピングや飲食、休息が日常の楽しみになる。この役割を、近隣型商業施設（ネイバーフッド・ショッピングセンター：NSC）が果たすことが重要になる。NSCで住民同士の緩やかなつながりができれば、ソーシャルキャピタル（社会関係資本）の充実も期待できる。行政との連携により、行政サービスや自治活動の場としての利活用も増えるだろう。これからはファミリー一辺倒ではなく、地域の多様な人々に合わせたライフスタイル提案や運営手法に活路を見出すことが求められる。

　こうしたなかで買い物プラス地域コミュニティのハブとなるNSC業態を、イオングループとイトーヨーカドーグループが同時期に開発した。

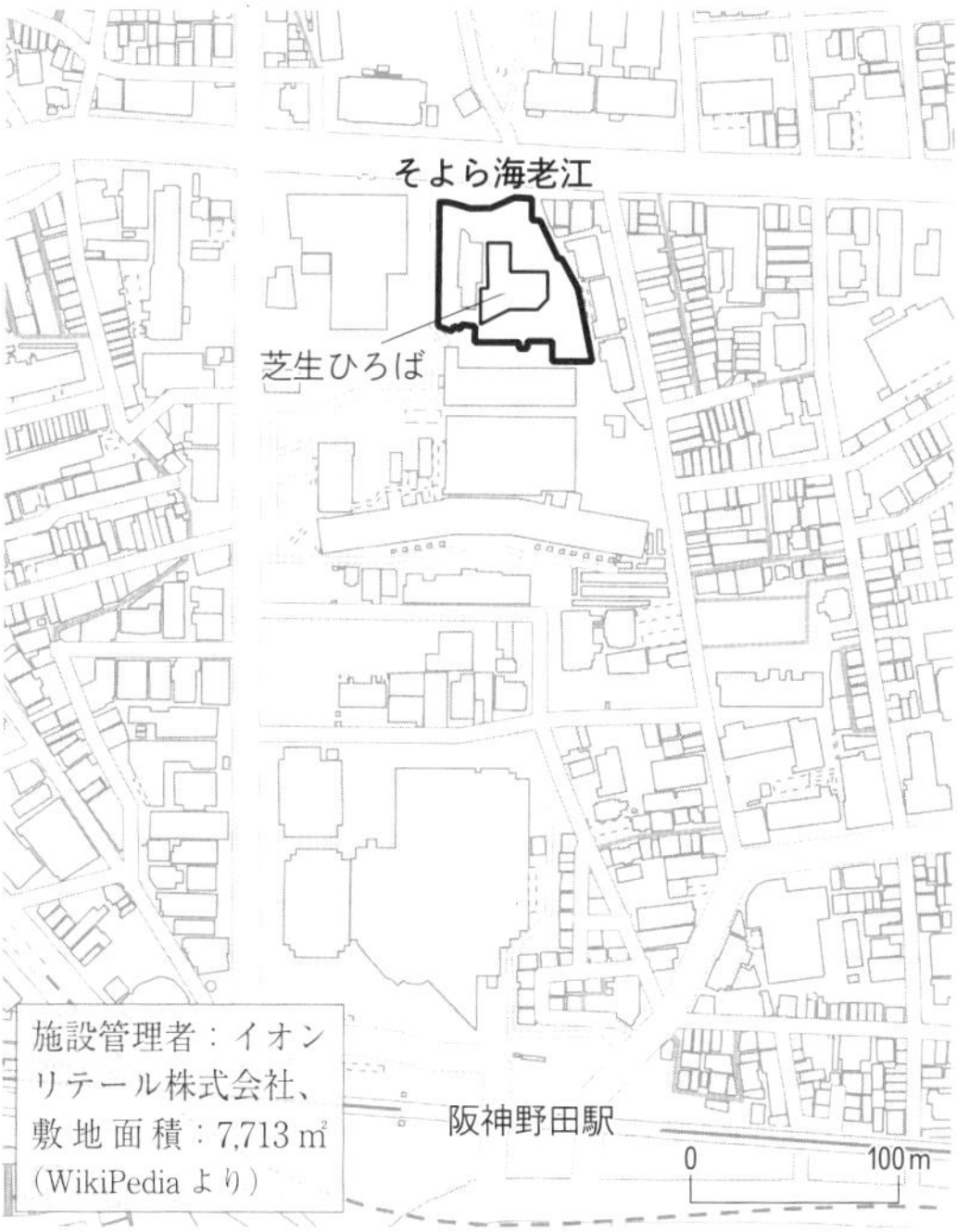

そよら海老江
芝生ひろば
阪神野田駅
0　100m

施設管理者：イオンリテール株式会社、敷地面積：7,713㎡（WikiPediaより）

そよら海老江（ベース地図：国土地理院地図 Vector）

そよら海老江

　一つはイオンリテールによる子育て都市生活者を対象にしたNSC進化型「そよら」。2020年3月、大阪市福島区野田阪神駅から徒歩6分の場所に、「そよら海老江」第1号店が開業した。古くなったGMS旧店舗をリノベーションし、1階はイオンスタイルの食品売り場を中心に、2階は芝生ひろばを囲み、飲食店、ペットショップ、保育園やキッズ学習塾といった30〜40代子育てファミリーに向けたコミュニテ

そよら海老江の芝生ひろば

まちの公園をコンセプトにしたリコパ鶴見

リコパ鶴見（ベース地図：国土地理院地図 Vector）

イ型NSC業態とした。芝生ひろばでは子どもたちがポップアップ噴水で飛び回り、ママは無料青空ヨガ教室に参加するなど、暮らしのなかに買い物だけではない日常の居場所が加わった。2024年2月現在、全国8か所で「そよら」業態を展開している。

リコパ鶴見

二つ目は、1996年に開業したイトーヨーカドー鶴見店をリノベーションし、2021年9月に業態転換した「リコパ鶴見」である。リコパは、「Life Community Park」の略。交流や出会いを生む「まちの公園」をコンセプトに実現した。商業施設事業参入は2017年からという浅い経験のヒューリックがリニューアルを手掛けた。1階に食品スーパーとしてイトーヨーカドーが入り、無印良品とドラッグストアの大型店、2階はABCマートやニトリデコホーム、ダイソー、くら寿司といったデイリーテナントのほか、休日も診療するクリニックモールや体操クラブ、学習塾、屋上にはフットサルコートやBBQコーナーを設置するなど、「そよら」と同様に地域に密着したコミュニティ型NSC業態である。

リコパは今までのGMSでは主に催事場だった中央の吹き抜け空間を、心地よい「PARK」という芝生広場のパブリックスペースに変えたことで、買い物目的以外でも子連れファミリーが訪れる機会が増えた。親子でフリーピアノを奏でる姿も見受けられるなど、今までのGMSにはなかった日常のハレの光景が広がる。また、イトーヨーカドーが入口に食品のアウトレットゾーンを併設し、賞味期限が近いが、味・品質に問題ない状態の商品の価格を見直し、低価格販売する取り組みをした。顧客とともに地球環境問題のことを考えつつ、分かりやすいSDGs活動を実践している。

両施設ともに一般的な利便性だけのNSCとは異なり、子育て世代にとって公園のような施設価値を伝えながら顧客の心を摑んでいた。

4 シニア就労付き近隣型商業施設 ―ヘーゼルウッド

増え続ける高齢者の影響が社会に広がっている。2023年の日本の65歳以上の高齢者人口は

就労付きコミュニティ型NSC「ヘーゼルウッドリタイヤメントコミュニティ」
（出典：https://hazelwood.viridianmgt.com/）

３６２７万人、全人口の約30％に達した。そのうち就労していて健常なシニアは全体の約25％９１０万人、就労していないが健常なシニアが約32％１１５０万人で、支援がなくても支障なく日常生活を送れる高齢者の合計は２０６０万人と推定される。残りの１５６０万人は介護予備者と要介護等認定者である。就労している健常シニア全員と、就労していないシニアの半数程度をアクティブシニアと仮定すると、合わせて約１５００万人となり、その市場規模は50兆円になるとの調査結果がある。人生１００年時代のアクティブシニアは、豪華クルーズ船での旅行、健康保持のためのサプリメント、家のリフォーム、習い事など、人生を楽しむことと健康への投資を惜しまない傾向にある。また、できるだけ働きたい、一緒に楽しむ仲間をつくり

裏側はリタイヤメントコミュニティの正面入口

たいとの願望がある。

まだ日本には誕生していないが、「シニア就労付きNSC」業態を紹介する。米国オレゴン州ポートランドで見つけたのは、NSCとリタイヤメント・コミュニティを合体した「ヘーゼルウッドリタイヤメントコミュニティ（The Hazelwood Retirement Community）」だった。スーパーマーケットとディスカウントストアの2核に約20店舗の専門店で構成されたNSCだが、上層階には高齢者が暮らす住居が併設されていた。中心部までは路面電車で20分もあれば行き来できる立地にあり、多様の人が訪れるNSCに併設されていることから社会とのつながりができていく。このリタイヤメント・コミュニティは、高齢者が健康なうちから共同生活をする新しい姿のコミュニティだった。

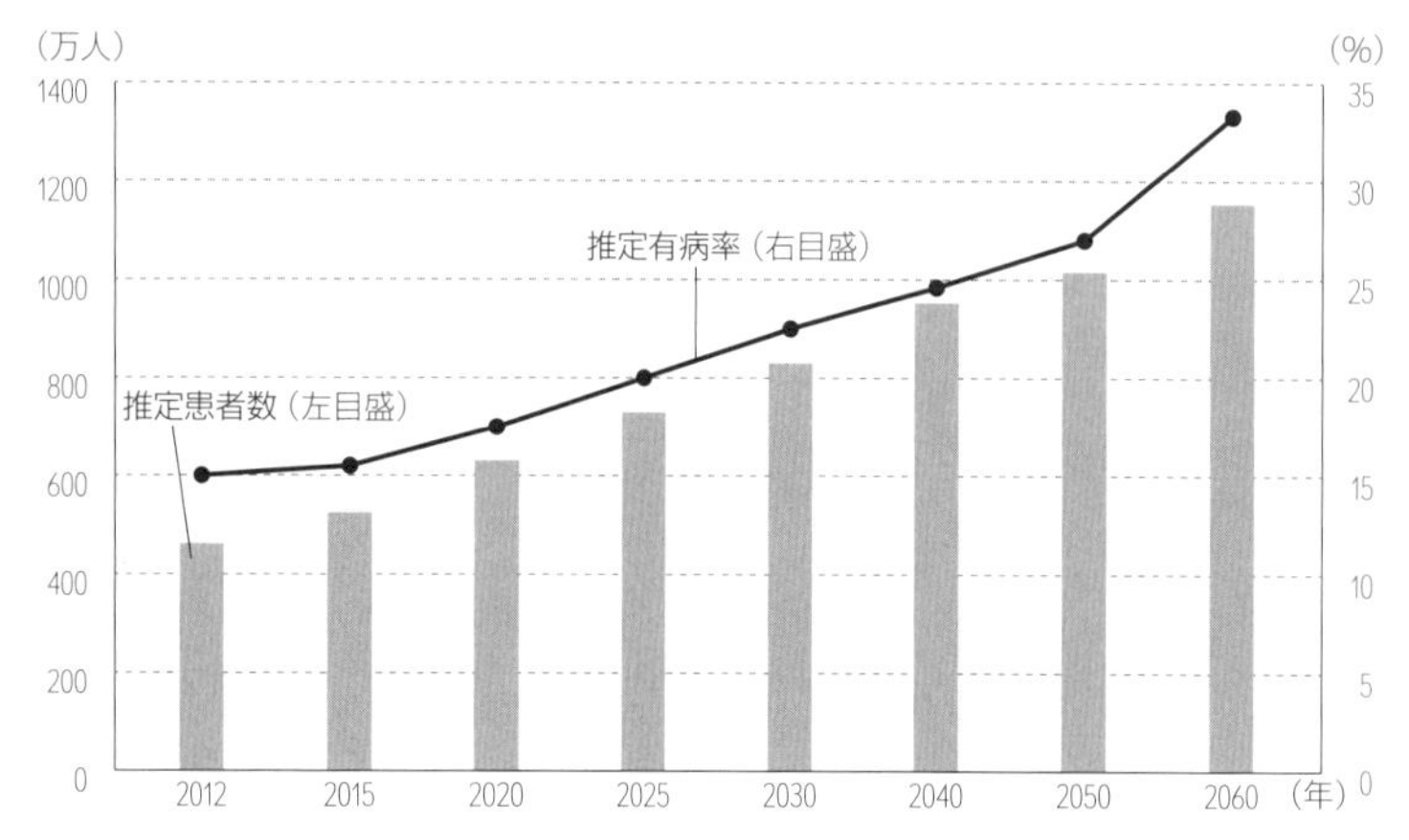

図 3　65 歳以上の認知症患者の推定（出典：『内閣府平成 29 年版高齢社会白書』）

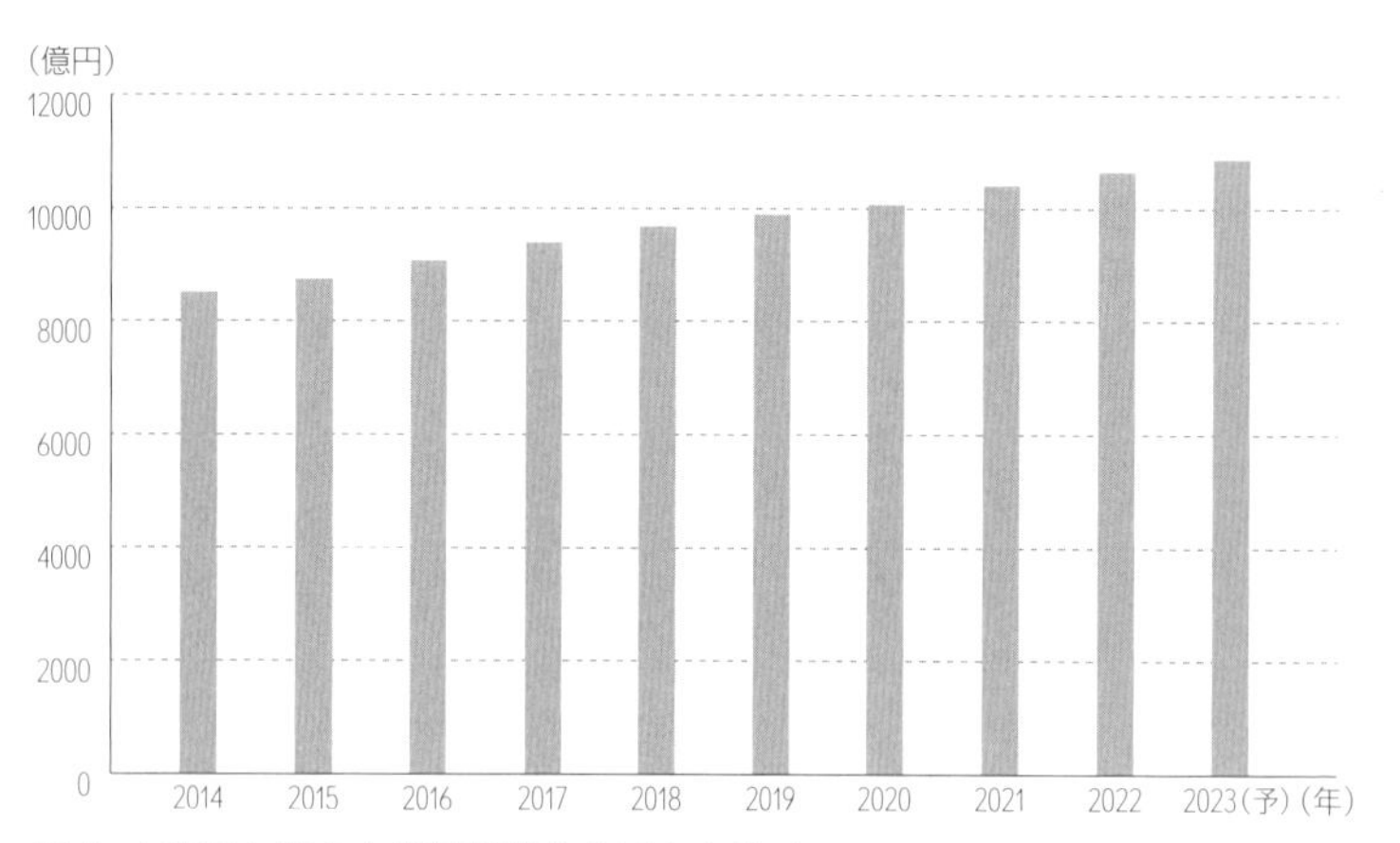

図 4　1 兆円を超えた栄養補助食品国内市場（出典：富士経済）

米国では子どもが成長し、小鳥たちが巣立っていった家を空になった巣（Empty Nest）と表現し、残された親鳥のような高齢者のことをエンプティー・ネスターズ（Empty Nesters）と呼ぶ。二人で住むには大きすぎる家の寂しさと、その管理の大変さもあって、残りの人生を前向きに同世代の人々と暮らすことを望んでリタイヤメント・コミュニティやリタイヤメント・ヴィレッジに移り住むのも、高齢者のライフスタイルの選択肢の一つである。ヘーゼルウッドリタイヤメントコミュニティではエンプティー・ネスターズのアクティブシニア層が、積極的な社会活動や消費活動をしながら人生の後半戦を謳歌している姿が印象的だった。

「シニア就労付きNSC」業態の利点は、単にリタイヤメント・コミュニティ住宅をつくるのではなく、同時にSCでの就労の機会をつくり、かつ消費の担い手にすることだ。現役時代の経験を生かし元警官は施設の警備服でパトロール、元税理士は経理、元医者、ナースは健康管理といったそれぞれの経験や能力に応じて適材適所で従事する。常に多くの人が訪れるNSCは社会交流空間の場であり、シニア住民と顧客との縁や絆が生まれ、人材の活用と地域活性化の一石二鳥の効果が期待できる。自活、自立するシニアは社会福祉サービスの受け手ではなく、送り手になることで、超高齢化社会で大きなプラスの好循環を生みだす。

これからは日本でも同業態ができる可能性はあるだろう。たとえば、社会課題の一つである耕作放棄地で農家の指導を受けて農作物を育て、食品売り場にて「地産で健康」のテーマで加工、販売

住民専用のNSCへの出入口

を手掛け、持続可能な食事業に取り組む構想はどうか。安心安全な生鮮品や健康に配慮した惣菜を提供することで、高齢者の健康増進にも役立ち、農作業への高齢者の参加は農業の人手不足の一助となるはずだ。また「畑からテーブルへ」をテーマに、旬で採れたての食材を使った地域食堂を経営することで、わざわざ訪れてみたいという域外からの交流人口も期待できよう。地方の道の駅で人気なのが、農家の方がつくったおはぎ、草餅、惣菜、赤飯、漬け物などであり、新鮮さや生産者の手作りの美味しさを求めているからだ。またアクティブシニアの培ってきた素養や経験を生かし、生け花やお茶、手芸や料理、英会話などの講師として活躍する教室開催も可能だろう。人生100年時代、生徒になったり先生になったりするのも面白い。

2025年には団塊世代が75歳以上の後期高齢者になる。「就労付きコミュニティ型NSC」業態が高齢者雇用、地域振興などの社会課題解決と事業性を両立できれば、新しい地方創生の一助になるだろう。

ヘーゼルウッドの施設案内ツアーの看板

２０２４年２月、イオン北海道の賀詞交換会にて２５０名を超える関係者の前で講演をした際、イオン北海道での新規事業として、「シニア就労付きＮＳＣ」の提案をした。

２０２３年の住民基本台帳からは、北海道では全国よりも10年先んじて高齢化、人口減少のスピードが加速している。北海道で高齢化比率が一番高いのは夕張市。石狩炭田の中心として栄えたが、人口は１９６０年の11万６千人をピークに下がり続け、現在は６７１４人と激減した。高齢者は３６２９人と高齢者比率は54％になった。札幌市内からは約60㎞の距離にあって車で１時間30分、特急列車で１時間12分の場所ながら、過疎化が止まらない。高齢者比率２位は札幌と旭川のほど中間にある歌志内市。人口２７７９人に対し、高齢者数は１４９７人と54％。３位は道南地方最南端の松前町。干物のスルメと昆布を醤油で漬け込んだ郷土料理松前漬けの名前になっており、函館市内から車で２時間の場所にある。人口は１９５５年の２万人をピークに現在は６１９３人、高齢者数は３２５１人と53％だ。

北海道で高齢者比率が一番低いのが千歳市の24％、次いで倶知安町や国内有数の漁獲量を誇るホタテ漁の猿払村、中標津町、国際的なスキーリゾートで人気のニセコ町、そして札幌市の28％となる。

恵庭市や北広島市といった札幌周辺都市では人口は伸びているものの、多くの市町村では高齢化と単身世帯化、過疎化が大きな課題になっている。鉄道の廃線や商店街の疲弊により、生活インフラの維持困難に直面する地域も増えている。また、冬は雪かき作業による身体的負担も避けられない。公共サービスも行き届かない状況も増えていくなど、北海道の市町村再生は喫緊の課題である。

一方、世論調査では東京などの大都市に住むアクティブシニアの多くが地方移住を希望するという。受け入れる地域にとっては、大都市からの移住者が地域社会に溶け込み、就労のみならず社会活動などで地域活性化に寄与するなら過疎化対策にもなる。高齢化を踏まえた住宅のあり方はもっと真剣に議論されるべきだと思うが、その一つとしてシニア就労付きNSCを実現していきたい。

今後、NSCが成功するには次の前提条件が必要と考える。一つは「常に地域社会の生活環境をしっかり捉えた業態開発」。二つには「地域貢献活動や祭事などの行事での役割」。三つには「地域経済効果として雇用や地域仕入れなどを取り入れる」。この三つを強めればRSCとの大きな差別化要因になる。ポイントとなるのは地域生活者とのコミュニケーションの近さによる強みだ。NSCは利便性の枠を超えた街と商業との一体性に大きな可能性がある。

第3章

ギャザリングと地域満足によるSC運営

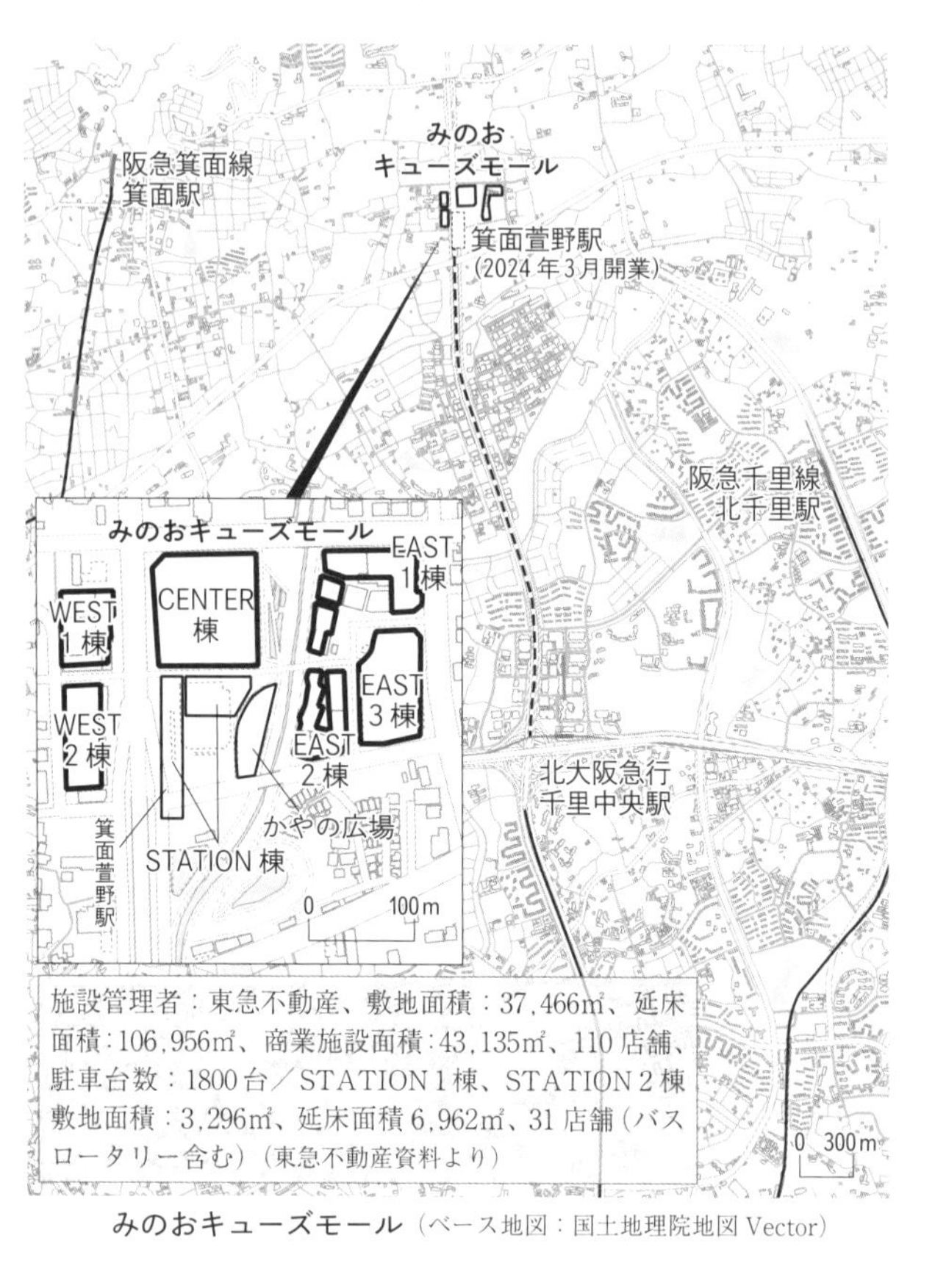

みのおキューズモール（ベース地図：国土地理院地図 Vector）

1 ギャザリングによる運営のファンベース化 ― キューズモール

昨今の日本の大型ＳＣには授乳室やベビーシート、子ども用トイレ、託児所も整備される施設もあり、その充実度は世界でも最もレベルが高い。ＳＣは子育てファミリーにとっては生活するうえで欠かせない快適な場所であるが、核家族化の進展は地域社会での人間関係を希薄にし、地域社会を脆弱化させてきたという側面もある。

子育てママは常に育児での不

10:00 - 10:15	ご挨拶
10:15 - 10:45	箕面自由学園高等学校　吹奏楽部
11:00 - 11:20	箕面市立第三中学校　吹奏楽部
11:35 - 11:55	箕面市立第四中学校　吹奏楽部
12:10 - 12:40	池田市立石橋小学校吹奏楽部・ 豊中市立桜井谷小学校マーチングバンドRAINBOWS
12:55 - 13:15	箕面市立第五中学校　吹奏楽部
13:30 - 13:50	箕面市立彩都の丘学園　吹奏楽部
14:05 - 14:30	ママ吹奏楽団 piacere
14:45 - 15:05	箕面市立第六中学校　吹奏楽部
15:20 - 15:45	ママさん吹奏楽サークル mamanon
16:00 - 16:20	箕面市立第二中学校　吹奏楽部
16:35 - 16:55	箕面市立第一中学校　吹奏楽部
17:10 - 17:40	箕面市青少年吹奏楽団
17:55 - 18:40	箕面自由学園高等学校　吹奏楽部

冬のスマイル音楽祭ポスター（右）とプログラム（左）

安や悩みをわかちあえる同じ環境にいる人たちとの出会いを強く求めている。もっと子ども目線でワクワクするパブリックスペースをつくり、そこに育児ママやパパたちが寄り添い、そこから新たな地域コミュニティができないものだろうか。その橋渡し役をデベロッパーが担えば、地域社会の一員としての存在価値と信頼を獲得できるのではないだろうか。リアルな現場から子育てしやすい環境づくりを支援し、子どもの笑顔が溢れた明るい暮らしの場を提供することは、必ずや子どもマーケット拡大につながる道となる。

2018年から東急不動産と取り組んでいるのが、ギャザリングによる運営のファンベース化だ。人々の集い・交流を示す「Gather」と、地域の方々に愛され、ともに育っていきたいという想いの「Together」の二つの意味を込めた運営コンセプトとして「To・gather」を掲げている。地域コミュニティの活性化および地域貢献の取り組みを行う「ギャザリング活動」を推進するのは、関西地区にある大阪府箕面市「みのおキューズモール」、大阪市阿倍野区「あべのキューズモール」、中央区「もりのみやキューズモールBASE」、兵庫県尼崎市「あまがさきキューズモール」の4施設である。

ギャザリング活動の先陣を切ったみのおキューズモールは、子育て世代にフォーカスしたギャザリングが特徴だ。コロナウイルスの影響で人との接触が薄れ孤立した母親が増え、精神的に不安定になる「産後鬱」が2・5倍に増えたという研究者の調査結果が発表された。そこで助産師に無料で子育て悩み相談ができる「キューズ子育てつどいのひろば」を設置し、週5日10時から13時まで個々の無料相談を行い、またママ同士が集まり育児に役立つお話会を継続するなど、子育てママに寄り添い続けた。「みのママルシェ」は助産師が中心となったボランティアメンバーとの共催で、施設内広場でママが子どもに食べさせたい食やママの手作り雑貨、衣類などを出品するマーケットを継続して開催している。マルシェを通じ、日常的にママ友や子どもたちのつながりが広く定着してきた。

また、箕面自由学園の吹奏楽部がコロナ禍で発表会ができずにいたことを知り、密を避けたレイアウトや人数制限、声出し禁止などの措置をとり、外の広場で無事に発表会を開催することができた。生徒たちは成果を親や友人に発表できた喜びの笑顔で満ちていた。今では〝音楽で広がるみんなの笑顔！〟をキャッチフレーズに「スマイル音楽祭」という大プロジェクトになり、地域の多彩な音楽活動の発表の場になっている。

キューズモールがある箕面市は、関西で「住んでよかった街」上位選出の常連でもある。キューズモールのギャザリングによって、住民同士のつながりを強めたことも一因にあるだろう。2024年3月23日、北大阪急行電鉄は千里中央駅から箕面萱野駅間を延伸開業し、乗り換えなしで新大阪駅までは19分、梅田駅までは25分でつながった。箕面萱野駅には「みのおキューズモールSTATION棟」が同時開業し、延床面積約7千㎡が加わり、約11万4千㎡の大きさになった。千里川とかやの広場の自然環境を取り入れたみのおキューズモールはさらなる成長を続ける。

運営サイドも単なる集客のためのイベントから脱皮したギャザリングによって施設は年々パワーアップし、今ではマママルシェなど通常の地域コミュニティ活動を醸成する「ギャザリング」、テナントと組んで活動する「テナント・ギャザリング」、4施設が合同で行う「ソーシャル・ギャザリング」と3タイプの活動を継続している。

「テナント・ギャザリング」事例として、もりのみやキューズモールの「お楽しみ会」を紹介しよう。お楽しみ会は地域で活動する「特定非営利活動法人フォロ」および社会福祉協議会と組み、16時から19時までの3時間、子ども500円の参加券でフードコートのどのメニューも自由に食べることができるという企画だ。合わせて抽選会やゲームなどのアトラクションも行った。内実は子

街のギャザリングスペースになったかやの広場

平日でも賑わうみのおキューズ
モール STATION 棟

キューズ・キッズダンスコンテスト予選会（あまがさきキューズモール）

ども食堂であるが、子ども食堂ということで声をかけ、無料ではなく500円としたのは子どものプライドへのケアであった。このような試みをNPOが提案しテナントサイドが理解して実現したことは、ギャザリング活動が浸透してきた証と言えよう。

「ソーシャル・ギャザリング」事例として、2021年秋に開催した「キューズ・キッズダンスコンテスト」を紹介する。ソーシャル・ギャザリングは、四つの施設が合同し、同じテーマで社会に対して大きなインパクトを与える試み。今、ダンスは子どもたちにも広がり、ソロからグループまで多くのキッズダンサーが活動する。その活動を応援するため4施設で予選会を進め、

キューズ・キッズダンスコンテスト決勝戦表彰式（あべのキューズモール）

上位グループでの決勝をあべのキューズモールのスカイコートで開催した。予選、決勝と関西を代表するプロダンサーが審査し、それぞれに適切なアドバイスもしてもらった。多くの参加者が日頃の練習成果を発表できる場づくりと、ストリートダンスの可能性や子どもたちの夢を応援する、社会（ソーシャル）に向けたメッセージが大きな成果となった。

キューズモールでは地域社会課題解決として、子育て支援サポート、小学生から大学生までの発表の場づくり、地域ボランティア活動などを続けたこともあり、阿倍野区、中央区、尼崎市との連携協定を締結した。

筆者は施設を利用する様々な顧客を四つ

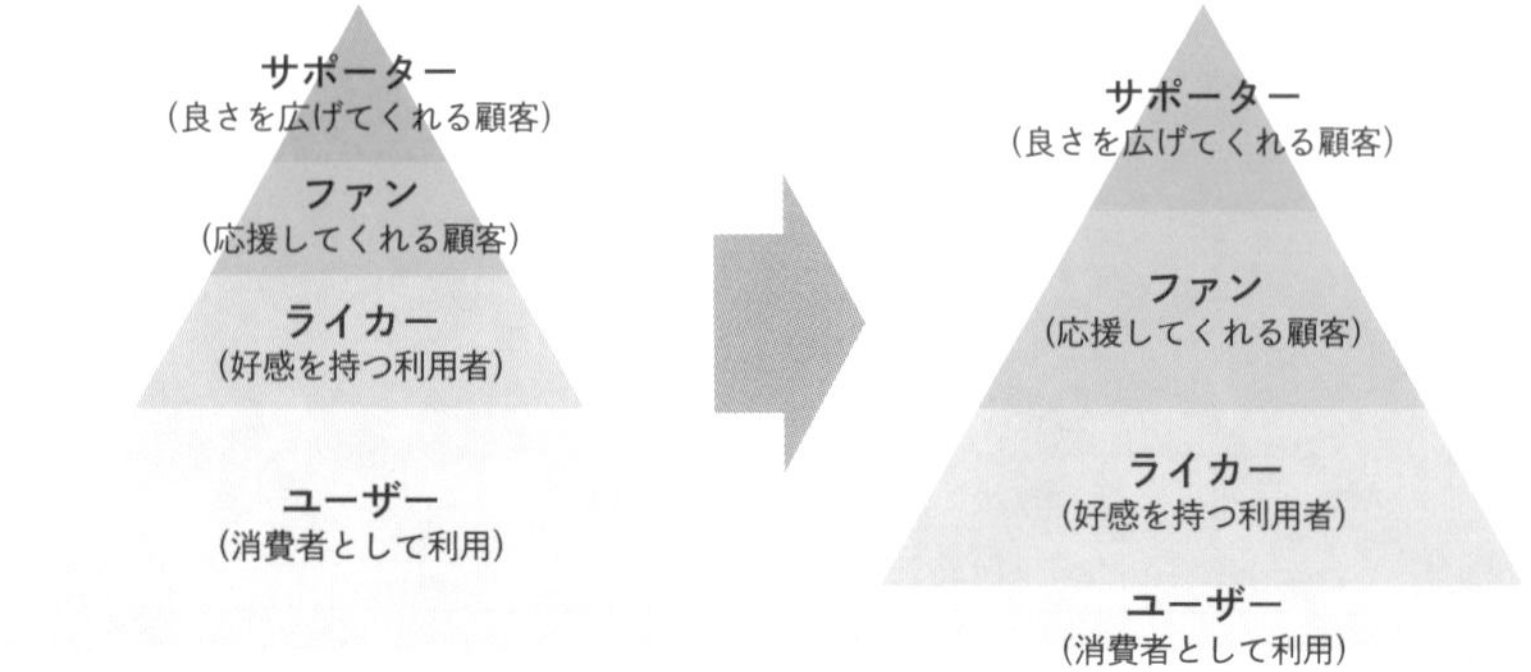

サポーター
（良さを広げてくれる顧客）
ファン
（応援してくれる顧客）
ライカー
（好感を持つ利用者）
ユーザー
（消費者として利用）

サポーター
（良さを広げてくれる顧客）
ファン
（応援してくれる顧客）
ライカー
（好感を持つ利用者）
ユーザー
（消費者として利用）

ユーザーをライカーに、ライカーをファンに引き上げ、ファンをサポーターに引き上げる

図1　目指したい顧客醸成の図式

に分類している。この施設が便利だから、バーゲンだけ利用するという来店客は「ユーザー」。この施設が好きだから来店するという顧客は「ライカー」。この施設があると暮らしが豊かになる、人にも紹介したいという顧客は「ファン」。さらに常に買い物するだけでなく、一緒に応援をしてくれる顧客は「サポーター」としている。どの顧客も大切だが、ユーザーをライカーに、ライカーをファンに、ファンをサポーターに引き上げていく運営スキルがあるかないかで、施設の通信簿である売上や来店客数に大きな影響を及ぼす。

　ファンやサポーターの存在は大きく、ライフタイムバリュー（Life Time Value＝顧客生涯価値）へとつながる。一人の顧客が、特定の企業やブランドとの取引を始めてから終わりまでの期間内に、どれだけの利益をもたらすかを示すライフタイムバリューの向上は、少子高齢化社会では最大の資産になるはずだ。

　多くのSCではバーゲンやポイントプラスデー、抽選での海外旅行招待、タレントのコンサートなど大海に網を放つようなマス・マーケティング手法をとってきた。消費されるだけのマーケティング

みのおキューズモール、無印良品と地域小学校とのコラボ企画

ではいずれ先細りすることは分かっているが、他の手段が見当たらないというのが現状だ。キューズモールのギャザリングは、単なる集客のためではなく、ファンベースを高めていく運営を構築する大きな力になってきた。

物質的な豊かさだけでは心は満足できず、真の幸せを手に入れることはできないと認識した現在、「ものは引き算、心は足し算」という価値観へと大きく変わっていく。サードプレイスという個々の居場所ではなく、人と地域とSCとのギャザリングプレイスが育ち、「まち育て」の担い手になったキューズモールは、成熟化が進展する令和SCの一つのあり方を示している。ギャザリング手法による運営力向上は、顧客目線に立ったリアルメリットを極めてきたからこそ実現できたと言えよう。

2 SCでの公民連携事業——大和リース

過去の商業デベロッパーは、地域貢献、地域共生とは「雇用や税収、一歩進んだ店舗の提供で地域に貢献すること」と語っていた。しかし、現在は社会課題と向き合いながら地域共生していく方向を選ぶようになった。デベロッパーにはマクロ・ミクロの市場環境や来店客動向を敏感に感じ取る先取力、変化に対応し行動する対応力、顧客に評価してもらえる運営力の高さが鍵となる。実際、運営力が高いSCは大小に限らず、出店エリアでの自治体やNPO等との連携が進み、互いにパートナーとしての関係を強化している。

公民連携の場所として、SCが街づくりに貢献する先駆者となったのが大和リースである。その牽引力が2013年に開設したNPO法人まちづくりスポット（略称：まちスポ）だった。東日本大震災を経験した後、商業施設の事業方針を単なる不動産賃貸から、地域に愛され、必要とされる施設を目指す事業への転換を図った。住民、NPO、行政との連携、連動を促し地域を活性化する役割として、施設内に地域活動の専用スペースを設置して支援する活動を全国に広げていった。

フレスポ稲毛（ベース地図：国土地理院地図Vector）

フレスポ稲毛とまちづくりスポット

いかにその効果が大きかったかを「フレスポ稲毛」の取り組み事例で紹介する。千葉県JR稲毛駅から車で10分ほどの場所にあるNSC業態のフレスポ稲毛は、国道16号線沿いにSCや専門大店がひしめく激戦区にあり、当該施設は幹線道路から中に入った視認性の悪い立地にある。2003年に大型専門店を中心にした構成で開業したが、その後核店舗の撤退とともに多くの店舗の閉店が続いたことで、かなり厳しい局面に陥った。

2012年に大規模リニューアルを実施し、半歩先のライフスタイルを提案する大型ガーデニングショップやカフェなどを導入、また買い物以外でも寛げるパブリックスペースの充実を図った。同時にNPO法人「まちづくりスポット稲毛」が地域を活性化する役割を果たし、地域市民活動支援に貢献した。

2018年9月に開催された「夜灯（よとぼし）」イベントを視察した際、その効果に驚きを覚えた。夜灯とは、地域の子どもたちが描いた絵を灯籠にして灯りを点す祭典。稲毛はもともと埋立て地で

フレスポ稲毛、施設内に並ぶ夜灯

フレスポ稲毛、盆踊り

あり、埋立て前は漁業が盛んな土地だったこともあり、灯籠は漁業の際に明かりとして使用されていたカンテラを模していた。かけがえのない地域の歴史を継承していこうと、まちスポが自治会、学校、行政、各種団体に呼び掛け実行委員会を組織した。今や夜灯イベントは地域行事としてなくてはならない存在になり、２０１８年は33の参加団体、ボランティア81名、灯籠数は２２４８個と最大の規模となった。子どもたちが作った灯籠が施設内を埋め尽くし、広場では地元出演者による音楽ユニットや和太鼓連の演奏、キッズダンス、そして老若男女の盆踊りの大きな輪が一つになり、すでに稲毛の夏の風物詩になっていた。

フレスポ稲毛は地域との良好な関係性を築いたことで来店客数が増え続け、順調な経営を続けている。ネットにはできないリアルメリットを生かしたＳＣビジネスの価値づくりにより、モノを売

ボランティアとまちスポとの共創

るだけではなく地域コミュニティの核になることができると確信した。さらに大和リースは事業を通じて社会課題を解決するＣＳＶ（Creating Shared Value）経営から、公民連携事業への取り組みの拡大を続けた。筆者とはアドバイザー契約を結び、様々な商業施設への新たな方向性や計画づくりを担ってきた。

公募提案型貸付事業によるブランチ大津京

大和リースによる「ブランチ大津京」の公民連携事業の取り組みを紹介する。

滋賀県大津市にて２０１２年から２０２０年まで市長を務めた越直美氏は、大津びわこ競輪跡地の利活用に取り組んでいた。１９５０年から競輪事業を行っていたが、２００４年以降赤字決算が常態化し、２０１０年末に競輪事業が廃止された。競輪場は約６万５千㎡の敷地に、競輪場施設だけでなく宿泊棟まで含めた広大な施設であったため、解体だけでも約20億円かかると試算されていた。

そこで大津市は野ざらし状態になっていた旧競輪場を「大津びわこ競輪場跡地公募提案型貸付事業」による再生を目指した。これは民間事業者が公園内で店舗などの施設を設置・運営しながら、収益の一部で広場や通路など共用部分の管理も担う制度であるPark-PFI（公募設置管理制度）を活用したもので、加えて旧競輪場の解体撤去、公園整備等を市が財政負担を行わずに実現しようとす

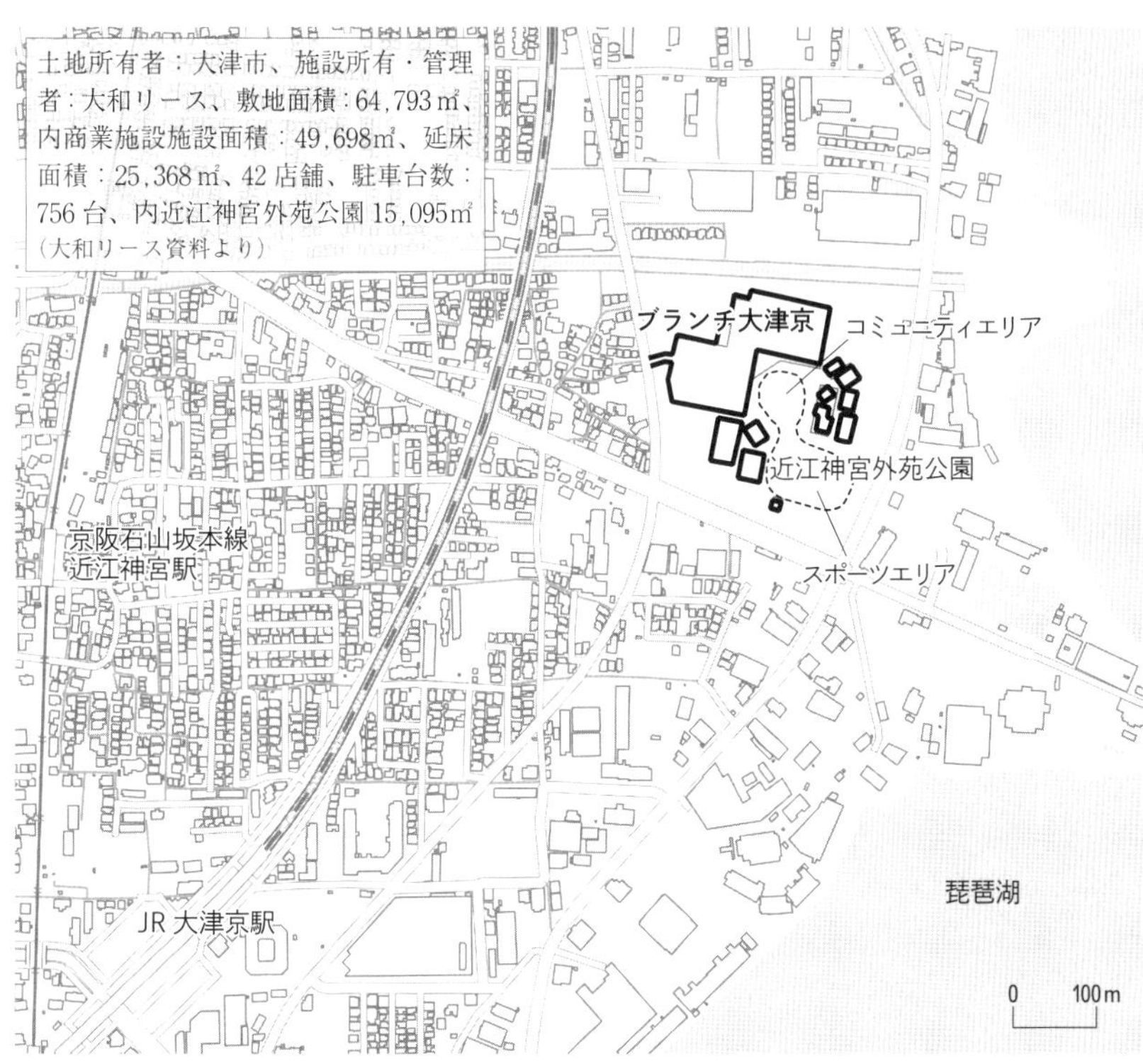

ブランチ大津京（含む近江神宮外苑公園）（ベース地図：国土地理院地図Vector）

るものだった。

2017年5月に3社から企画提案書のプレゼンテーションおよび選定委員会による企画提案書の審査が実施され、大和リース案が選定された。

2019年11月に誕生した「ブランチ大津京」。約1万5千㎡の近江神宮外苑公園を囲むように、レストラン、カフェ、ファッション、サービス、カルチャー、ライフスタイル店舗が集結した。「市民公園型NSC」業態は、地域の居場所、市民の活動の場となり、「まちづくりスポット大津」が市民活動のサポートをする。財政効

NITORI

ブランチ大津京と近江神宮外苑公園のコミュニティエリア

ブランチ大津京開業時の越元大津市長

地域満足を獲得するブランチ大津京

果として解体費用はすべて大和リースが負担し、市は大和リースと定期借地契約を締結して借地料収入を得ることができた。地域の社会課題を解消し、「街づくり×商業」によって負の公共資産を大きくプラスに変えた公民連携事例と言えよう。

（※本項は「公民連携まちづくりの実践」学芸出版社を参考にした）

3　東急不動産、大和リースで取り入れた「地域満足」運営

CS、ES+LSへ

筆者が東急不動産、大和リースで重要視したのは、開業後に施設運営者とテナントが一緒になって地域から敬愛されるような存在になることを目指す地域満足の実践だった。多くの商業施設では顧客の満足度を向上させる顧客満足（Customer Satisfaction＝CS）と、就労する従業員の満足を高める従業員満足（Employee Satisfaction＝ES）の二つを達成しようとしている。筆者はCSとESにプラスし、地域満足（Local Satisfaction＝LS）の三つを同時達成することで、施設全体を育み成長させる手法に取り組んできた。地域の社会的課題を解決できるよう、施設のパブリックスペースなどを利活用した地域コミュニティづくりの活動を通じて地域貢献をすることで、デベロッパーは地域からの敬愛を獲得することができる。敬愛とは、尊敬、親しみの心であり、人に人格があるように、敬愛される施設や店には店格が備わっていく。地域からの敬愛によって働く人の向上心が強まり、生産性と定着率が高まっていく。社会の役に立っている手応え、感謝されることは従業員満足に大きく響き、顧客との関係も良好になってサービス価値が向上し、さらなる顧客満足につながるとい

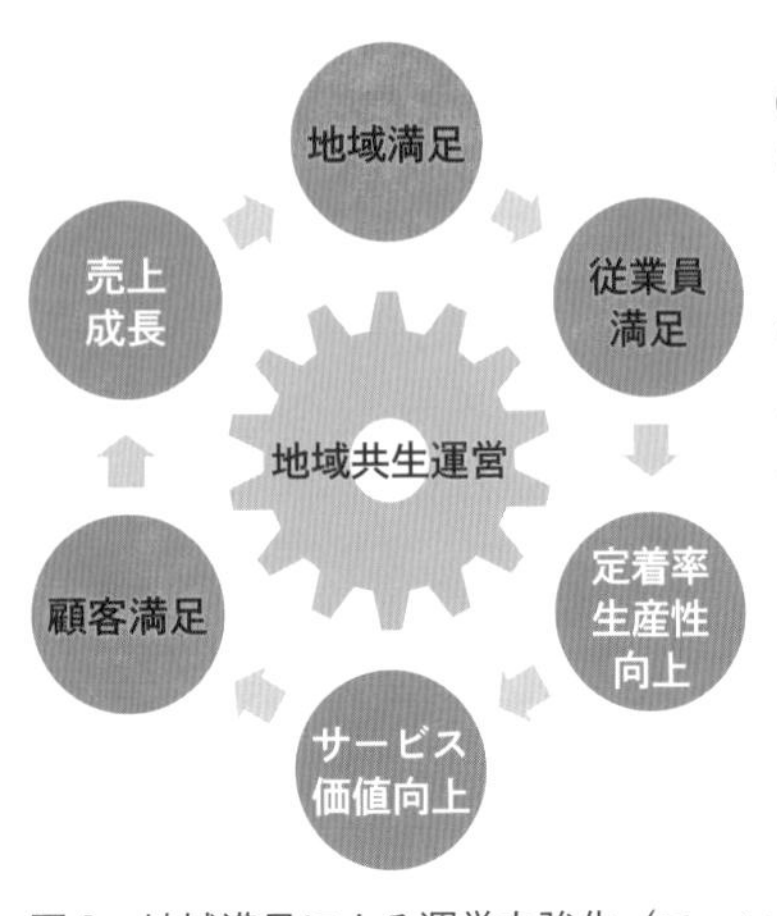

CS と ES にプラスして地域満足（Local Satisfaction=LS）の 3 つを同時達成

LS はデベロッパーが地域社会課題を解決し、地域貢献をすること。

地域からの敬愛が生まれ施設や店には店格が備わっていく。

地域から敬愛されると働く人の向上心が強まり、生産性と定着率が高まる。

社会の役に立ち感謝されることは ES に大きく響き、顧客との関係も良好になってサービス価値が向上し、CS に繋がる。

図 2　地域満足による運営力強化（ファンベース化）の循環図

う考えである。

かつて地方百貨店がさん付けで呼ばれていたのは、敬愛されているからであり、働く人にも伝わるのでさらに働き甲斐になっていた。これからはSCもそうありたい。

「顧客のうち上位20％の優良顧客が全体の売上の80％をもたらす」というパレートの法則は、2：8の法則とも言われる。顧客との良好な関係構築を通じて、お客様との距離を縮めていくマーケティング手法「リレーションシップ・マーケティング」は、上位20％の顧客醸成をするために顧客ニーズを突き止めようと実践する。しかし、CSとESはどんな店舗も施設も取り入れており、逆にCSとESが疎かであれば、誰も顧客にはならない。LSが重要なのは、個客へのCSに留まらず、LSは地域住民や地域顧客と施設との間にできる絆のようなものだからだ。絆ができることで、顧客の潜在ニーズを掴みやすくなる。これを東急不動産も大和リースも運営に生かしている。顧客との

「ラ コリーナ」は自然と共生したたねやのシンボル

長期的なパートナーシップを築くにはLSが決め手となっていく。

三方よし経営

近江商人の経営哲学に「三方よし」が知られている。売り手と買い手が満足するのは当然であり、地域や社会（世間）に貢献できてこそ良い商いが継続すると伝わる。

1872年創業の「たねや」は滋賀県近江八幡市を発祥とした和・洋菓子の製造販売を営み、滋賀県以外では東京、神奈川、愛知、京都、大阪、兵庫、奈良、福岡の百貨店を主販路とし成長を続けている。1992年に環境配慮・省資源化を経営の軸とし、2015年には東京ドーム2・5個分という広大な敷地で、自然と人とがバランスを保つ大切さを体験できる「ラ コリーナ近江八幡」を開設した。車でしか行くことのできない辺鄙な場所ながら、年間330万人が訪れる滋賀県随一の観光名所になった。今では、このまま地球環境が変化していくと和菓子となる原材料が採れなくなることを危惧し、全社一丸となって積極的なSDGs活動を実践している。

2021年に賑わい創研の会員とともに「ラ コリーナ近江八幡」を見学し、たねや10代目当主の山本昌仁氏の講演を拝聴した際、「バッジを付けてSDGsごっこをするより、まず実践することが大切」と語られた。そんな経営姿勢は地域から敬愛され続け、三方よしの経営を通じて持続的に成長できることを世に知らしめた。

三方よしの格言は、買い手は顧客の満足(CS)、売り手は施設や店舗側の満足(ES)、顧客だけでなく地域や社会から敬愛されていくLSと同じ方向を指す。これからはデベロッパーもテナントもきめ細かいLSを実践する運営力が成否を分けることになろう。地域満足は三方よしに通じている。

第4章

地方中心市街地活性化と全体最適街づくり

1 ― 商店街最適ではなく全体最適街づくりの必要性

地方都市では東京、大阪、名古屋、福岡などの大都市に比べると地価が安く、全国チェーンによる店舗展開が一気に進んだ。大都市発の商品やサービスが地方都市で消費できる反面、東京を中心とした流通や消費システムに組み込まれた結果、地方商業者が行き場を失った。中心市街地ではコンビニやSCによって商店街が寂れ、地方百貨店が撤退した。続けて総合スーパーの撤退、そして商店街がシャッター化していった現実がある。やがて地域経済の疲弊、若者層の流出、高齢化、空き家の増加といった地方都市の典型的な問題が持ち上がった。

「はなやぐ」とは、明るくはなやかであり、「にぎやか」とは、人出が多く活気あるさまである。界隈性とはそんな華やぎ賑やかな活気や生活景から生まれる街の魅力そのもの。つまり界隈性は人が交差する中心市街地からつくられるものであり、中心市街地VS郊外SCという対立の図式ではなく、お互いが棲み分けをしながら、地域で暮らす人たちの生活が良くなっていく仕組みづくりが大切になる。全国の街を訪れて感じるのは、地域の商業者や行政、商工会議所など諸団体に、先のプランニングができないまま目先のイベントや補助金頼りとなる体質が散見されることだ。とくに最大の売りになる特有の地域生活文化が、強みとして生かされていないケースが目立っている。

誰もが商店街に遊休地ができると、駐車場になっていくだけでは寂しいと感じているはずだ。地方を訪れる楽しみの一つは、その土地の生活に触れる商店街を歩くこと。使い道がなく、ただ駐車場になっていると街には界隈性がなくなり、人は街から離れ、荒廃するといった悪循環から抜け出せなくなる。賑わいを取り戻すには、商店街が部分最適を求めるのではなく、街と一緒になって全体最適をつくることだ。全体最適思考を取り入れた地域生活文化の利活用、発見・体験する場づくりに活路を見出さなければ未来図は描けない。この章では、和歌山市、盛岡市、福山市の全体最適思考を取り入れた中心市街地活性化の事例や現在進行形を紹介する。

2 駅の機能を超えた街の居場所 ―キーノ和歌山

南海電鉄和歌山市駅に降り立った第一印象は、地方都市の駅周辺で見かける、全国チェーンの居酒屋、コンビニ、駐車場、空き地という無味乾燥な光景だった。駅の核店舗として1973年に開業した高島屋和歌山店だが、イオンモール和歌山がオープンした2014年に閉店し、駅周辺は急

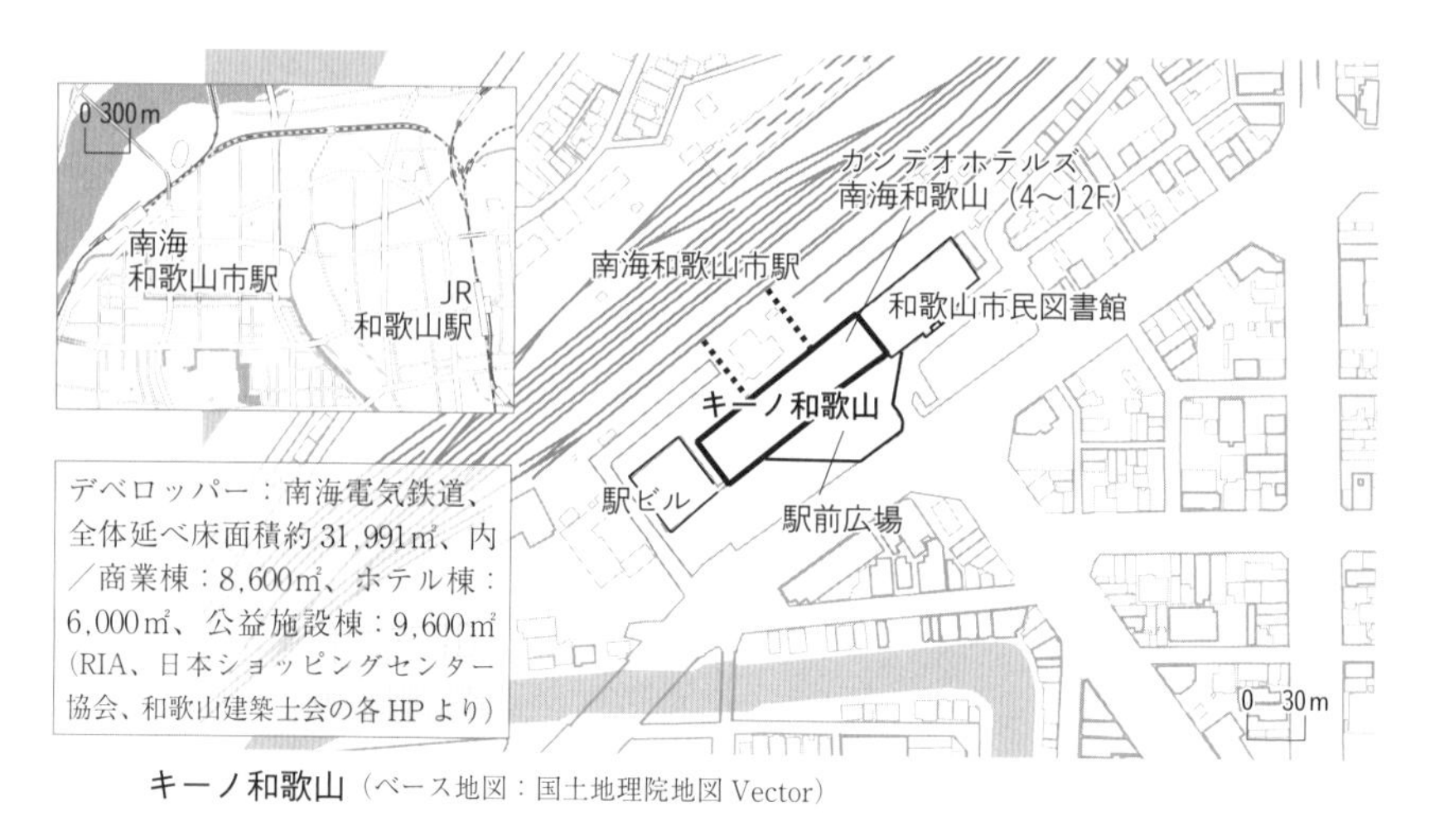

キーノ和歌山（ベース地図：国土地理院地図Vector）

速に寂れていった。しかし２０２０年6月5日、南海電鉄と和歌山市による和歌山市駅周辺再開発事業である「キーノ和歌山」が開業したことを機に、公民連携による中心市街地再生に向けた歩みがスタートした。

筆者はキーノ和歌山ではマーケット調査から全体のコンセプトづくり、業種業態構成プラン等に携わったが、重視したのは「ミクストユース」「ローカルファースト」「まちの居場所」の3点だった。当時実施した商業環境マーケット調査では、郊外ロードサイドの開発が急速に進み、市街地が寂れていくスプロール化が著しく、かつ量的には商業は完全な飽和状態であった。商店街など中心市街地の疲弊が目立ち、このままでは持続可能な社会を築くことは難しいとの結論を出した。ならば、どのようにこのプロジェクトを進めたら良いのか、成功に導くべき方向性を提示した。

①現状はどこも同じような業種、業態、テナント構成、品揃えによって和歌山らしさは希薄であり、とくにロードサイ

ドの光景はワクワク感がなく、発見する喜びに欠けた利便性のみと認識すること。
②この現況は和歌山市だけの課題ではなく、多くの地方都市も同様の悩みを抱える。本計画施設では従来のモノを売る駅ビル機能だけではなく、顧客がわざわざ足を運びたくなる場づくりに力を入れ、人が集う場所にして、商品、サービス提供をすべきであること。
③今回のプロジェクトをきっかけに、和歌山市が次世代につなげる持続可能な交流創造型社会に転換するという目標を掲げ、潤いのある街づくりと豊かな地域生活文化の構築につなげていく好機にすること。

とくにプロジェクトで重視したのは、従来型の駅ビル構成ではなく、「職、住、商、遊、学」が融合し、仕事、生活、遊び、学びの機能を都市の徒歩圏内に凝縮し混在させるミクストユースの開発手法である。米国オレゴン州ポートランドの中心部では、1階を店舗やショールームにして、上階にオフィスやホテル、住居をつくることで、街なかでの交流が増え昼夜間の界隈が生まれることが実証されている。ミクストユースに欠かせないのは、多様性に富んだ様々な人や業種が集まること。オフィスだけのシングルユースの街ならばスーパーマーケットや住居はなくても良く、住居だけの街ならばオフィスは不要だ。高級住宅街ならばそこに官公庁やオフィスは不適であり、低所得者だけが住む街区はスラム化することも多い。ミクストユースでの暮らしを営む多様な人々によって、住民間で良質な社会関係資本が育まれ、多様な業種業態がシームレスにつながることで、単体

和歌山の食を集積した ROCK STAR FARMs

キーノ和歌山、商業、図書館、ホテル、
オフィスのミクストユース駅

CANDEO
HOTELS
NANKAI 和歌山市駅
快活CLUB
快活
CLUB
24h OPEN
コミック
インターネット
鍵付 完全個室
テレワーク
KITCHEN
PANDA

で得られる以上の効果を上げることができると訴えた。

　これまでの他都市でも見られるコンパクトシティ政策における中心市街地活性化は、郊外に広がりすぎた機能を中心部に戻そうとする動きだが、そこには行政経営効率化の側面があることが見え隠れする。効率化も大切だが、和歌山市駅再開発のようにミクストユースによる街の中心部への回帰、多様性の尊重を同時に築くことが先決であり、その結果として行政の経営効率化につながっていくと考えるべきである。

　商業施設、和歌山市図書館、ホテル、オフィスのミクストユース計画のなかで、図書館の指定管理者になったのはカルチュア・コンビニエンス・クラブだった。日常生活に潤いを与える心地よい空間の図書館には、交流人口増の役割を期待した。鉄道やバスターミナルの利便性を生かしたホテル、オフィスを複合させ、観光客の来訪を促すために ローカルファーストでの商業ゾーン業態を軸にリーシングを行った。メインターゲットである多様な地域住民だけでなく、観光客もサブターゲットにしたのは、住民利用だけでは事業採算が合わないことを見込んでのことだった。

　その結果、1階の「ＲＯＣＫ ＳＴＡＲ ＦＡＲＭｓ」は新鮮な野菜や魚介類、精肉と産直ブースを集積した地域食を集積した大型食品売り場となった。とくに30台のワゴンで展開する産直ブースでは、採れたて野菜や果物、和歌山産の食品メーカーの品々が並ぶというように徹底してローカルにこだわった。２階のフードホールは地域住民から人気の高い地元飲食店を10店舗集積し、住民と観光客が同時に満足できるローカル価値を提供、かつ地域経済循環にも寄与できた。知人の米穀店経営者が、「キーノの飲食店の7割と取引ができ、売上に貢献してもらい、ありがたい」と語ってくれた。これこそがローカルファーストによる地域経済循環の成果である。

施設内には地方駅ビルにあるようなファッションや雑貨店舗は皆無であり、テナントの主軸を担ったのは和歌山の食のローカルチェーンだった。ローカルチェーンは飲食やスーパーマーケット業態に多く見られ、地域で開発した商品のこだわりを守ることで地域との信頼関係を築き、地域住民が応援するのが特徴だ。ローカルチェーンは規模ではナショナルチェーンに劣るものの、地域特有の商品もあることから観光客にも需要がある。

一方、スプロール化した郊外から人を中心部に戻していくには、街なかに心地よい居場所をつくることは不可欠であり、従来の駅ビルとは異なる「閉じた場から、開く場」にすることがプロジェクトの重要なポイントだった。図書館での売上は皆無だが、人を集める最大の集客装置と期待したところ、今までの図書館利用者が年間20万人程度だったのが、1年で100万人を超える賑わいの場に変貌した。街の居場所、街のリビングルームになることを行政も理解し、尾花正啓和歌山市長は開業時に「様々な世代が集い、街なか回遊への拠点となって人の流れ・賑わいを波及させたい」と期待を寄せた。キーノ和歌山は新たなランドマークとなった。

以降、和歌山市や都市再生推進法人が中心になって活発に中心市街地の空き店舗対策に動いて若

夜空に映えるサイン

盛岡バスセンター夜の風景

go to Morioka ポスター

ホテルマザリウムのヘラルボニーアートルーム

大勢の人で賑わう盛岡バスセンター

者起業や公園の再生、中心部への大学誘致などが一気に進展した。キーノ和歌山ができたことで、街なかでは子育て世代が増加に転じるなど、和歌山市の都市再生は現在進行中である。今や、全国の行政が視察に訪れるようになり、行政と民間が伴走した「街づくり×商業」のモデルとして、2023年からは和歌山県が県全体に拡げていこうとしている。

キーノ和歌山プロジェクトの成功ポイントは、経済価値を生みながら、同時に社会価値を実現させ、持続可能な成長を目指したこと。そして、中心市街地を一つの事業体として見立て、訪れたい価値、住みたい価値、商いをしたい価値を公民連携で継続していることである。その結果、行政も民間も本当に重要なものは何かを見極める力が備わってきた。疲弊した中心市街地への活性化につながるよう、公民が共創して地域再生に取り組んだ駅再生の好事例になった。

3　中心市街地のハブになった盛岡バスセンター

2022年10月4日「盛岡バスセンター」が開業し、公民連携による新たな地方創生モデルが誕生した。老朽化により解体されたバスセンターを再生し、新しい「バスターミナル施設」を盛岡市

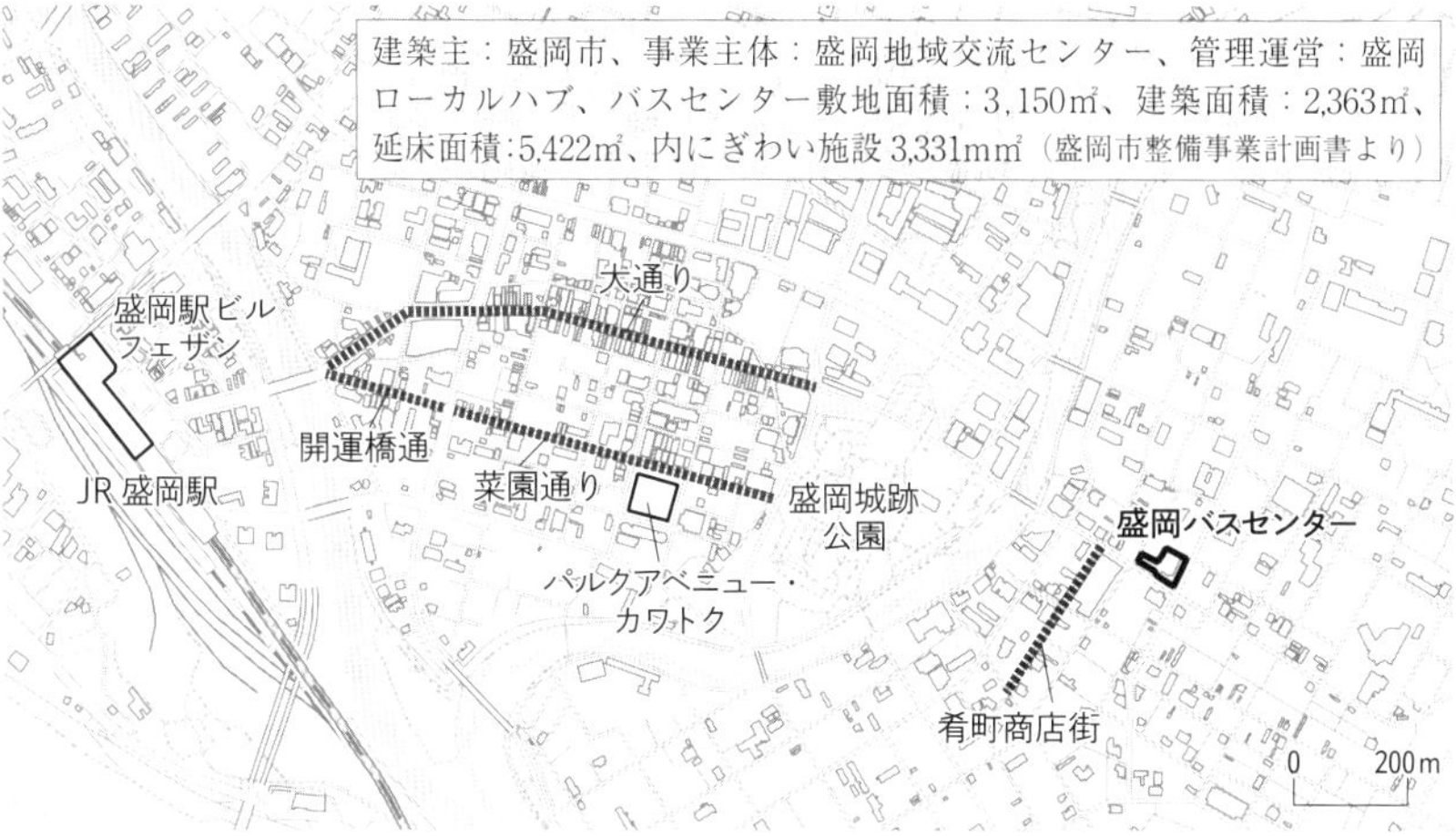
建築主：盛岡市、事業主体：盛岡地域交流センター、管理運営：盛岡ローカルハブ、バスセンター敷地面積：3,150㎡、建築面積：2,363㎡、延床面積:5,422㎡、内にぎわい施設 3,331m㎡（盛岡市整備事業計画書より）
盛岡駅ビル
フェザン
大通り
開運橋通
菜園通り
JR 盛岡駅
盛岡城跡
公園
盛岡バスセンター
パルクアベニュー・
カワトク
肴町商店街
0
200m

盛岡バスセンター（ベース地図：国土地理院地図 Vector）

が所有し、商業等の「にぎわい施設」は市の第3セクターである盛岡地域交流センターが設立した特別目的会社・盛岡ローカルハブが整備・運営することが2017年に決定した。筆者は商業コンサルタントとして、出店予定者の業態提案や施設の運営管理などを担当した。

にぎわい施設の魅力

にぎわい施設の1階「バスターミナルマルシェゾーン」には阿部鮮魚店、GREAT BURGER、茶菓はなむけ、福田パン、The BAKER、そば処南部、クイックキッチンKといった地元の食物販を中心に、保険クリニック、バス2社の発券窓口、みちのりトラベル東北が入居した。なかでも1948年創業のコッペパン製造販売の福田パンは盛岡を代表するソウルフードとして、1日で2万個も売れる地域に愛され観光客からもお土産として買い求められる人気店だ。一番人気のあんバターやピーナッツクリームやジャムの定番のほかに、コンビーフと玉子、ハンバーグ、ポテトサラダ入りカレー、ごぼうサラザ、蓮根しめじなど惣菜系を入れると48種類を超えるメニューになる。その場でサンドしてもらう出来立ての美味しさが際立ち、市民に愛され続けている。福田パンの1階へのテナント出店が決まったとき「お客様の目の前でコッペパンサンドを一つ一つ作り上げることは永遠に変えない」と3代目福田潔社長は思いを語った。

2階「フードホールゾーン」は、ワインレストランTAKU、ビアバーベアレン、焼鳥とめし清造、中華の場周辛麵とすべて地元飲食店という構成でスタートした。フードホールは、一つの空間のなかに手のかかった料理を出す複数の店と客席があり、アルコールも楽しめるワンランクアップされた業態になった。特徴は様々なローカル食を一つのテーブルで自由に注文し食することができ、地元客とホテル宿泊者とが集う空間となっていることだ。

3階「ホテルゾーン」には、ホテルマザリウム、大型温浴施設、マッサージのBODY EVO、秋吉敏子ジャズミュージアム、Cafe Bar West38、いんべクリーニングが集積した。ホテルマザリウムは34室ながら、福祉×アート×ビジネスを提唱するヘラルボニーがアートプロデュースを手掛け、オペレーションを紫波町のオガールが担当し、盛岡ローカルハブが所有と経営をする事業スキームがつくられた。ヘラルボニーアートルームは8部屋あり、知的障害を持つアーチストによってデザインされた絵画や、カーテン、ソファークッション、枕カバー、布団カバーなどアートに彩られた部屋での宿泊体験ができる。他の部屋より若干高めの料金に設定しているのは、印税のように永久にアーチストの口座に差額相当分が振り込まれる仕組みになっているからだ。

また、ホテルラウンジには2001年より駅近くでジャズ喫茶「開運橋ジョニー」を経営する照井店主のつながりにより、ニューヨーク在住の世界的ジャズピアニスト秋吉敏子さんから寄贈されたジャズミュージアムが併設された。広々とした炭酸水の温浴施設ではサウナ、ボディケアや垢擦り体験もできる。また、滞在型ゲストには最新鋭のコインランドリーが併設されるなど、泊まる体験価値を深めたライフスタイルホテル業態が出現した。まさに多様な価値観が混ざり合う、「まざる、うむ、はじまりホテル」というコンセプトの存在感が際立つ。

盛岡のローカルハブに

盛岡バスセンターオープン直後に筆者が代表を務めている「賑わい創研」にて、50名近くが参加した賑わいラボシンポジウムを開催した。プロデューサーとしてバスセンター事業を推進したオガールの岡崎正信氏は、「自立できる地域を創造するには、地域が持つ風土、風俗、カルチャーを大事にし、営み生きる権利を地域の方々に与えること」だと話した。

参加者はシンポジウム後に、フードホール、温浴施設を楽しみ、マザリウムにて宿泊し新しい公民連携の取り組みを実体験した。

翌朝は盛岡バスセンターがある河南地区での街歩き散策に、期待以上の体験価値があったとの評価を得たのは、地元で独立した「トラベル・リンク」の「街歩き企画」だった。地域の歴史、文化、商いの営みの詳細にいたるまで、2時間あまりの発見と出会いに溢れた内容だった。リーズナブルな価格での散策は、たくさんの地域の魅力を五感で感じることができた。誰でもが外国や地方都市に出かけると、その地域特有の文化や生活に触れてみたいとの思いが強くあるはずだ。街歩き企画で地域の魅力を実感できるのも、盛岡バスセンターがローカルハブになることを事業コンセプトに据えているからと言えよう。

新生バスセンターはエリアを一つの事業体として見立て、エリアの価値を最大限に高めていく街づくりに注力する。バスセンター近くには「肴町商店街」という地域の個店が集積するアーケード商店街があり、17年に閉店した大型商業施設「Nanak（ななっく）」では再開発計画が進行中であり、monaka（もなか）として2024年7月に開業する。街の評価というのは、人々が集いたい、行きたい、住みたいと思ってもらえる基準で決まっていく。街づくりに大切なのは、部分的なパーツ思考ではなく、エリア全体を俯瞰して見ていく思考を持って進めていくことだと思う。

開業した3か月後の1月に、盛岡に大きなフォローの風が吹いた。それは、米国ニューヨーク・タイムズ紙が「今年行くべき世界の52か所」の第2位に盛岡を選出したというニュースだった。第1位はロンドン、第3位は米国のモニュメントバレー、日本からは19位に福岡市が選ばれた。盛岡の評価内容は、東西の建築の美学が融合した大正時代の建物が残され、現代的なホテルや古い旅館があること。公園になっている城跡や複数の川がまちを流れていること。さらに、市内のコーヒーショップやわんこそば店、ジャズ喫茶などのほか、車で1時間ほどの場所で素晴らしい温泉が楽しめることが魅力として紹介された。この報道によってコロナ禍にもかかわらず海外からの訪問客が急増し、かつ国内でも注目が集まり、バスセンターへの来館者、宿泊者が増えていった。

そして2023年2月23日、筆者はバスセンターにて開業後の運営指導やテナントの改善点を探るワークショップをしていたが、そこにニューヨーク・タイムズの極東責任者が通訳をともなって来館した。選出された盛岡のさらに深い本質を知るためとのことで、盛岡ローカルハブメンバーとともに取材を受けた。バスセンター全体のクオリティーを評価してもらい、とくに宿泊したホテルマザリウムのヘラルボニーとの取り組みは「世界でも類例がない」と評価された。公民連携による地域活性化の取り組みについて、「機会があればニューヨーク・タイムズのビジネストップ面でも掲載したい」と話してくれたのが、私たちにとっての最高のご褒美の言葉だった。

本計画に参画した筆者の妄想だが、盛岡駅ビル フェザンから2kmの距離にあるバスセンターの中間地点には、1866年に創業した川徳百貨店があり、フェザンとバスセンターの二つを結ぶ開運橋通から菜園通には個性的な地元飲食店やビューティー、ショップなどが点在する。盛岡らしい生活景が続くこの通りを歩いて楽しめるウォーカブルな街路にすることで、魅力的な界隈空間が期待できると考える。

街路にリズム良く植栽やストリートファニチャーを設え、歩道に染みだしたカフェやレストラン、開放性あるショップが連続する、そんな駅とバスセンターとの2核1モールの「商業×街づくり」を提唱する。歩いて楽しい街路づくりは、大きな街の価値と商機につながるからだ。

余談になるが、公共政策、都市開発、地域開発の専門家であり、東洋大学大学院経済学研究科公民連携専攻教授の根本祐二氏とは、2000年当時に日本開発銀行（現日本政策投資銀行）に勤務されていた際に知り合った。筆者は丹青社にてマーケティング研究所所長職にあり、根本氏を講師に「エンターテインメント研究会」を主宰した。根本氏は「ユニバーサルスタジオジャパン」の立ち上げに参画したように、テーマパーク研究の第一人者であり、その付き合いから筆者も、根本氏が移られた東洋大学の公民連携授業で何度か商業開発の講師を務めるようになった。その頃、「松本さんに紹介したい面白い人がいる」と会わせていただいたのが、アフタヌーンソサエティ清水義次氏であり、授業では大学院生だったオガールの岡崎正信氏とも知り合った。柴波町役場職員も受講していたことで、紫波駅前の遊休地活用（現オガール）開発の大きな方向性を示す構想を依頼された。

当時から岡崎氏は盛岡市内の空きビルでのスタートアップ支援企画などを手掛け、菜園通りへの熱い思いも語っていた。その語り合った熱い発想を、ぜひ実現していければと思う。

4 商業プロデュースの実際――三之丸町地区優良建築物等整備事業

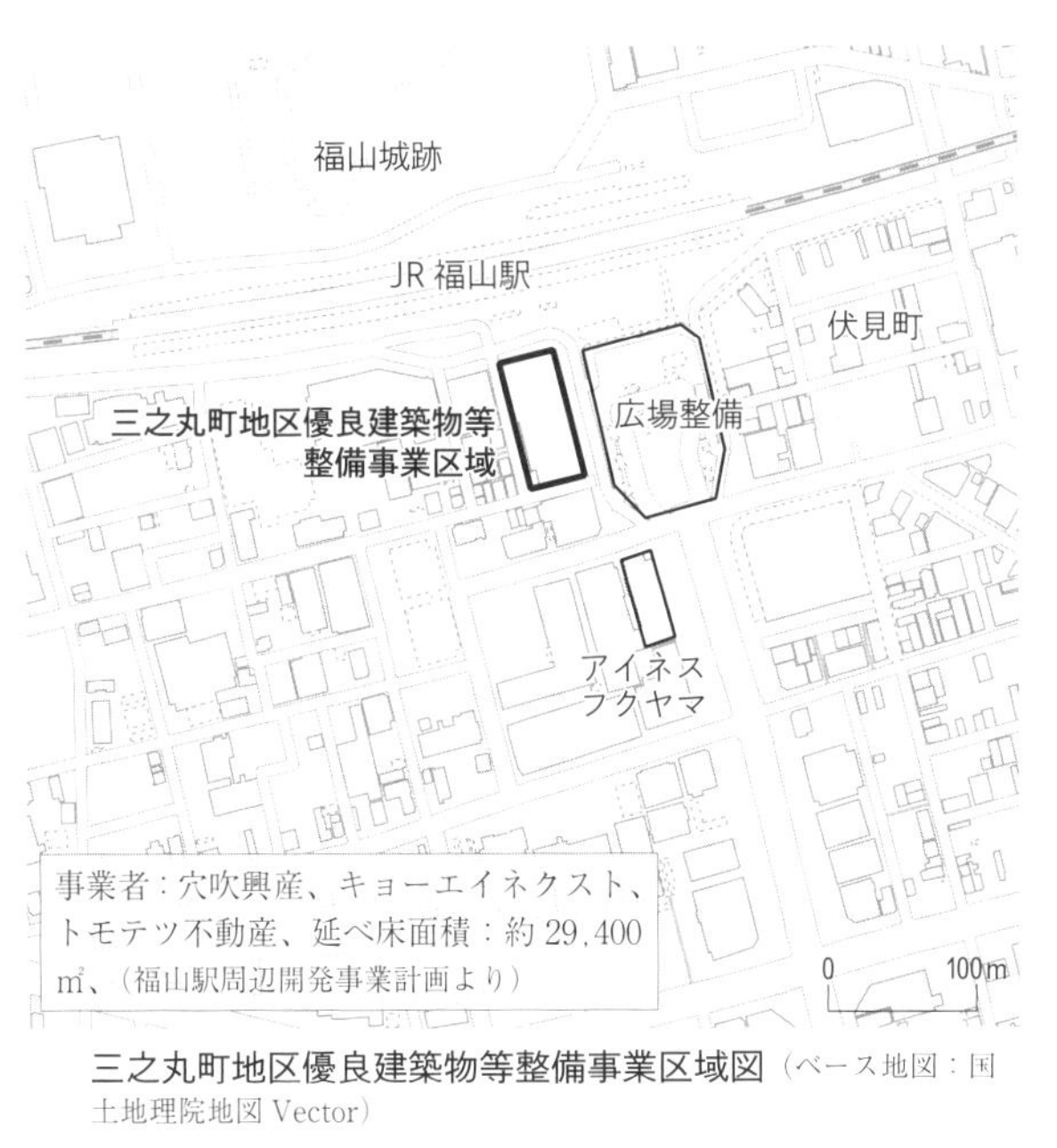

三之丸町地区優良建築物等整備事業区域図（ベース地図：国土地理院地図 Vector）

福山市ウォーカブル政策と駅前再開発

三之丸町地区優良建築物等整備事業（以下、三之丸事業）とキーノ和歌山、盛岡バスセンターに共通するのは、街なかにインクが染みだすような「街づくり×商業」開発であること。三之丸事業は福山駅前再生ビジョンならびに福山駅周辺デザイン計画の中核として、駅周辺のエリア価値向上を担う事業である。JR福山駅南口駅前広場に面した玄関口にふさわしい魅力と賑わいづくりを目標に、2024年秋のグランドオープンを予定している。

開発の経緯は次のとおりである。

福山駅前広場素案イラスト（2022年時）（出典：福山市HP）

1976年に鞆（とも）鉄道バスセンター跡地で、スーパー・イズミを核に鞆鉄道の系列会社トモテツセブンの専門店街「キャスパ」が開業した。その後、イズミは撤退し、2011年には全店舗が閉店となった。また、1992年には中国・四国地方で最大規模の「福山そごう」が開業するも、経営破綻によりわずか8年で閉店した。広島市に次ぐ県内第2位の人口がある地域拠点都市であり、新幹線「のぞみ」も停車することもある福山市であっても、駅前大型店の相次ぐ閉店と郊外へのスプロール化が重なり、一気に中心市街地の活力が失われた。

2017年に福山駅再生協議会が開催され、福山駅前の再生に取り組んだ。前進するきっかけとなったのは、2018年に開催された駅南口ロータリーの東側にある伏見町エリアを対象にしたリノベーションスクールだった。市もリノベーションスクールに参画し、駅前再生ビジョンを策定して国からの地方再生モデル都市として選定された。2019年には福山駅前デザイン会議によりデザイン計画の中間取りまとめがなされ、駅周辺をウォーカブルな空間に転換する方針が示された。福山市は全国に類例のない開放的な駅前広場を設け、人の流れと経済の好循環を生みだす政策へと舵を切った。筆者は2021年に開催された「福山市エリアプロデュース&マネジメント講座」にて講師として参画した後、公民連携を生かした福山駅前再生の中核となる三之丸事業プロデュースを担っている。

福山駅前デザイン会議の座長はリノベーションスクールを主宰したアフタヌーンソサエティの清水義次氏。加えてオガールプラザの岡崎正信氏、ワークヴィジョンズの西村浩氏と筆者の4人で福山駅前再生アドバイザーとして全体計画を推進している。

コンセプトづくり

三之丸事業に商業プロデューサーとして参画したときは、すでに北棟は穴吹興産による高層マンションと下層階に商業、中棟はキョーエイネクストによるオフィスと下層階に商業、南棟はトモテツグループによるオフィスと下層階に商業という3事業者の座組みで再生事業が進行していた。市のウォーカブルな街づくりを象徴する広場と接する当該施設がいかに重要なプロジェクトなのかを認識すると、一体感のある商業計画を実践する責任の重さとともに闘志も湧いてきた。

　福山駅前では過去に大型施設が撤退したように、どんな一等立地であっても単純に利便性だけでの商業計画では将来性がないと訴え、市民の魅力的なライフスタイルが描ける広場との一体性、地域経済に波及するような事業内容を提案した。導き出した開発コンセプトは「備後アルチザン」。そして業態コンセプトとして「ひっつきもっつきクロスフュージョン」を3事業者に示し、市にも賛同を得たことでプロジェクトが大きく動き出した。

　開発コンセプト「備後アルチザン」は、広島県の三原市、尾道市、福山市、府中市、世羅町、神石高原町（じんせきこうげんちょう）、岡山県の井原市、笠岡市の二つの県にまたがる6市2町で構成される備後圏のリソースを洗い出し構想化したものだ。福山市の海岸部は瀬戸内海の真ん中に位置し、古くから鞆の浦や尾道が海運の要所として栄え、備後国として一つであった歴史があり、今でもモノづくりでの備後地域間の結びつきが強いことを知った。だからこそ大量生産されるものづくりと対比し、職人や匠の技を使い、現代生活に豊かさをもたらすものづくりに挑む場にしたいと心に決めた。

　業態コンセプト「ひっつきもっつきクロスフュージョン」の発想は、福山市内の公園で子どもたちが仲良く遊ぶ姿を見た人の「ひっつきもっつき」との囁きにある。気になって調べてみると、広島の人はセーターなどに付着するとげのある植物を、くっついて離れない仲良しという意味で使うことがあった。福山と日本をリードする企業と融合し、経糸（たて）と緯糸（よこ）がひっつきもっつきしながら新たな反応を起こすことで、一枚の布を編み上げていくような発信力をつけたいと推進した。

地元企業の誘致

生産量日本一を誇るデニム産地のルーツからは、コンセプトづくりの大きなヒントを得た。築城400年の歴史ある福山城博物館を訪ねた際、1622年に初代福山藩藩主として福山城を築いた徳川家康のいとこの水野勝成公が、都市整備と地域経済の振興を同時に推進した、まさに「街づくり×商業」のプロデューサーだったことを知った。領内の殖産興業のために木綿の製織・販売を奨励し、綿花栽培や織物づくりを盛んにした。それは後に備後絣（びんごがすり）に代表される備後織物として昭和30年代に全国に普及した。

1870年代に米国で作業着として生みだされたジーンズ。戦後日本ではリーバイスなど輸入物が中心だったが、1960年代から国内のデニム需要が高まった。備後にはデニム生産に必要とされる染色技術、縫製技術、厚手生地の取り扱いなどの基礎が蓄積していたことで、デニムの生産が開始された。

福山市に拠点を置く「カイハラ」は、国内のジーンズの2本に1本はカイハラのデニム生地と言われるように日本一のデニム生地メーカーとして、ユニクロからGAP、ハイブランドのPOLOをはじめ、デニム発祥地、米国のリーバイスまでもが取り扱うようになった。ジーンズ生産は人件費が安い海外工場にシフトし、国内でつくられる日本製品は少数になったが、カイハラの良質なデニム生地は世界で認められ、福山本社工場のほか備後圏に3工場、2014年にはタイにも工場をつくり、年々デニム生地の技術革新を続けてきた。カイハラとは出店企業とのモノづくりの可能性を検討している。

丁寧に作りあげるスピングルムーヴのスニーカー

「三暁」は福山市にて船具、漁具金物の製造から始まり、現在はその技術を生かして大きな橋のワイヤーロープや滑車、また鋳造技術を使いフライパンやイスなども生産するメーカーである。三暁は職人が集まる鞆鉄工団地と呼ばれる場所にあり、備後のモノづくりが分かるまさに備後アルチザンそのものだった。長年培われた技術を使い、三之丸事業に参画する出店企業とコラボレーションしたモノづくりを検討している。

広島県府中市にある「ニチマン」は、1933年より代々続いたゴム製品づくりを生かしたカジュアルシューズを、職人が一足一足手作業で作り上げる。履き心地を

スニーカーの付加価値を提案するショップ

左右する天然ゴム素材の配合から足の健康を中心に据えて追求し、かつ個性的で秀逸なデザインを加味したフットウェアを作りだした。工場で目にしたのは、それぞれの工程で人間の歩く動作を研究開発し追求した丁寧なモノづくりだった。

自社ブランドであるスニーカーのスピングルムーヴは、ミラノやパリコレクションに登場するなどメイドインジャパンスニーカーの逸品に成長した。他のシューズ小売店では購入できない個性派シューズには大きな伸び代がある。三之丸事業には長年の付き合いがある内田貴久社長にコンセプトを伝え、「スピングルムーヴ」で出店することを快諾していただいた。開放された広場に、メイドインジャパン、メイドイン備後の世界が広がる姿が浮かんでくる。

備後圏では服飾関連の企業が多く、その一つとして福山市を代表する企業に「青山商事」がある。紳士服の製造販売で日本のトップ企業になったが、昨今は多角化経営に力を入れている。スポーツジムの「エニタイム」もその一角を担っており、三之丸事業では広場と接することでスポーツライフスタイルを市民に広げることができると出店を決定した。

さらに、福山市に本社を構え、全国の美容サロンに美容商材の提供を中心に、マーケティングや人材育成、店舗開発などのサポートをする「ミラビス」の三島正寛社長との出会いもあった。渋谷、原宿、青山などの著名な美容室や化粧品販売会社とのつながりも太く、取引先である備後エリアの「バランス」を紹介してもらい出店が実現した。その他、福山発のスペシャルティコーヒー店、神石高原牛を使った飲食店など備後アルチザンの展開が広がっていく。

筆者が3事業者に意識をしてもらったのは、テナントという考えではなく、出店してもらう相手先を一緒にビジネスを成功させるパートナーと考えて欲しいということだ。べたな言い方だが、テナントはこの施設に嫁いできてもらう大切な花嫁、だからこそデベロッパーは生涯のパートナーと考えると、関係性、信頼性、共感性も良好になるからだ。

グローバル企業の誘致

また、すべて地元企業の構成だけではトータルで構成された魅力、新たなライフスタイルを実現することはできない。ローカル企業とグローバルに展開する企業とが「ひっつきもっつき」で響き合うことが重要と考え、業種の垣根を越えて挑んできた。

オートキャンプ製品を中心にハイエンドなアウトドア製品の開発・製造・販売を展開する日本を代表する企業スノーピークとの、「ひっつきもっつき」での取り組みも進行している。製品開発のみならず、福山市での地域共生事業の検討や広場でのアーバンキャンプの可能性など、駅前から発信する地域の新たなライフスタイルが生まれ育つことに期待を寄せる。

事業コンセプト「備後アルチザン」は、ローカルファーストから一歩踏み出した新たな地域経済循環を目指す手法であり、業態コンセプト「ひっつきもっつきクロスフュージョン」はパートナーと一緒に新たなライフスタイルを創出することが狙いである。実現するには「街づくり×商業」という領域に対し、デベロッパー、パートナー、行政の3者が「ひっつきもっつき」で店づくり、街づくりの品質を上げていくことが肝要である。

福山スタイルを目指して

福山駅前に開放的な大きな広場が実現すれば、全国の新幹線停車駅にはない風景となる。どこも駅前はバス、タクシー、自家用車が行き交う交通広場だが、その機能を地下に集約させることで、車中心ではなく人中心になる構想は画期的な空間となるだろう。

最近では、渋谷の「Miyashita Park（宮下公園）」や名古屋の「Hisaya Odori Park（久屋大通パーク）」、池袋の「南池袋公園」のように、パブリックスペースの質は街のブランドをつくり、住民のライフスタイルにも大きな影響を与える。パブリックスペースの質は生活の質に直結し、商業者はストーリーに添ったライフスタイル提案により、生活者の新しい生活様式を創造していくことができるからだ。ライフスタイルはニューヨークスタイル、パリスタイル、北欧スタイル、湘南スタイルといったように住まう街の影響を受けていく。人は生活の質が向上するライフスタイルが実現できる街を求めるようになり、食生活、ファッション、住環境、コミュニティにいたるまで、街とライフスタイルは一心同体の関係性ができていく。

福山スタイルと呼ばれるようになるには、「街づくりデザイン」の考え方が欠かせない。〝街づくり〟とは、『街』という社会的資産を地域社会が力を合わせてつくりあげ、街をより良いものに『つくり』変えていくことと考える。そして〝デザイン〟とは、人や社会にとって価値ある目的を見出し、それを『カタチ』にしていく創造的行為であると捉える。福山駅周辺開発はつくって終わりではなく「街づくりデザイン」を視座に、常に時代とともにアップデートする使命がある。ライフスタイルの好循環が駅前から生まれ育っていくことを期待したい。

第5章

令和時代に求められる商店街づくり

1 商店街の現状

最も身近な存在である商店街は世界中に存在する。そして、最もその地域らしさを感じることができる場所でもある。2022年時点の各都道府県が把握している商店街数は1万3408か所あり、2023年のSC数が3133か所に対し商店街数は4倍以上になる。

中小企業庁が3年ごとに行う「商店街実態調査」から現状分析すると、全国商店街の平均店舗数は51店。業種の平均内訳は飲食店が28%、衣料品・身の回り品が15%、サービス店が14%となっている。物販店が減少し、飲食店やサービス店が増えており、最近は医院や整骨院、学習塾といった業種が目立ってきた。平均空き店舗率は14%である。

一方、1商店街当たりのチェーン店舗率は2018年調査では10.1%だったのが、2021年では10.6%と増加している。コンビニエンスストアや全国チェーンの食物販、飲食店などに変わっていく傾向があり、後継者不足で廃業する店も多々あることから、年々地域らしさが薄れている。

筆者は現在も商店街再生に取り組んでおり、いくつかの案件での「街づくり×商業」でのプロデュースに挑んでいる。

2 世界一幸せになる商店街 ― ストロイエ

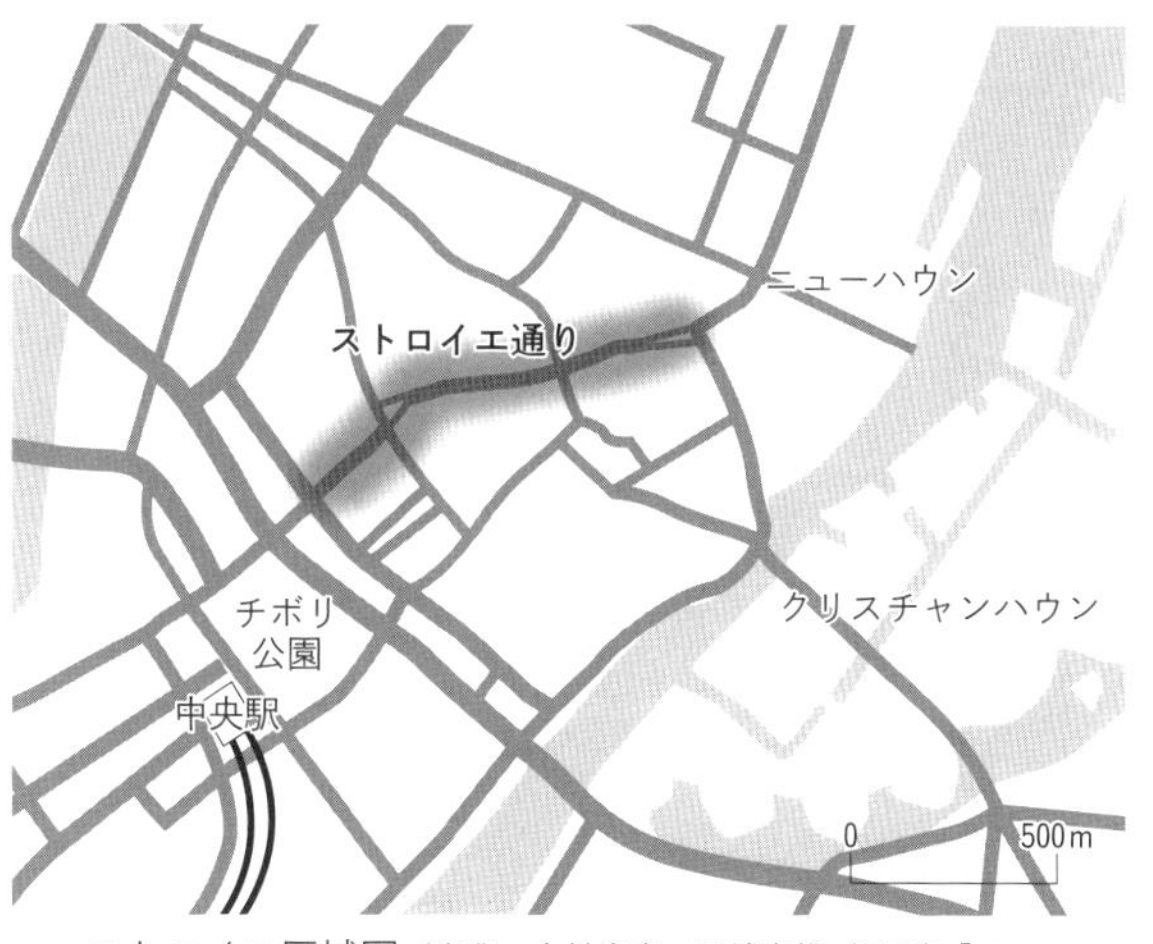

ストロイエ区域図（出典：木村光宏、日端康雄（1984）『ヨーロッパの都市再開発』より）

外国に渡航した際は世界各国にある中心街を訪れてきたが、世界一幸せになる商店街に出会った。それはデンマークの首都コペンハーゲンの「ストロイエ」だ。国連が発表する世界の国を幸福度でランキングする２０２４年の「世界幸福度ランキング」で、7年連続1位になったのは北欧のフィンランド。第2位が同じ北欧のデンマークであり、以前は第1位になったこともある。上位は北欧諸国が占め、ちなみに日本は１３７カ国中51位であった。

デンマークの国土面積は日本の約9分の1、人口約82万人の首都コペンハーゲンで目にしたのは、人、街、商いの良好なリンケージによる豊かなライフスタイルであった。

コペンハーゲンはデンマーク語で「商人たちの港」に由来

ストロイエを歩くとニューハウンに辿り着く

し、北欧一の繁華街であるストロイエは「ぶらぶら歩く」ことを意味する。ストロイエは1961年から始まった世界初の歩行者専用街路として、チボリ公園が隣接するコペンハーゲン中央駅から港のあるニューハウンまでの1・1㎞の長さがあり、四つの大通りと三つの広場と路地裏通りでつくられた世界屈指のショッピング・ストリートである。

なぜこれだけの歩行者のための空間ができたかの経緯を調べてみた。公共空間の場づくりの調査・研究を行っている一般社団法人ソトノバのレポートを抜粋すると、1950年代は都心部を中心に自動車文化が急速に発展し、街なかが車で溢れていた。その状況を改善するため、62年にストロイエを一時的に歩行者専用道路にする社会実験が行われた。その効果が認められ、65年には常設化され、80年には歩行者専用道路に切り替えられた。百貨店、ブランドショップ、ファッション、生活雑貨、家具、レストラン、オープンカフェなど1km界隈の範囲に約2千店が軒を連ねる。高級陶磁器店ロイヤル・コペンハーゲンはルネッサンス様式の外観が威厳を放ち、イルムス本店は北欧スタイルの家具や雑貨を揃え、日本のSCや駅ビルで見かけるようになったフライングタイガーコペンハーゲン本店はストロイエ入口付近にある。ヨーロッパ発のZARA、H&MやGAPなどカジュアルブランドショップもこぞって一等地に出店する。

ストロイエになぜ、毎日のようにショッピングや散歩を楽しむ人で溢れているのかを考えると三つの特徴が見えてきた。

一つは、「自転車、歩行による都市生活スタイル」であること。自転車専用道路だけで120kmも整備されているコペンハーゲンは、世界一自転車に優しい都市に選ばれた。1980年頃、すでに車中心の道路・都市政策から転換し、歩行者や自転車中心の都市づくりを国、市をあげて推進している。中心部や都市近郊に住み、自転車や地下鉄を移動手段とすることで人と街との関係性が深まり、ストロイエが歩行者専用道となったことで、日常生活の交流の場になった。車で社会的ステイタスを誇示しようとしない国民性も影響するが、商店街が見事に市民の誇りの場所になっている。

二つには、「商店街の居心地が良いこと」。デザインコントロールによる歴史ある建物と現代建築の調和や、街に開かれた公共空間と商業空間の融合は街の品格を映し出す。ファストファッションの店舗であってもルネッサンス様式のクラシックな建物に溶け込むように収まり、風格ある石畳の街路には洗練されたストリートファニチャーがつくられ、ファーマーズマーケットや大道芸人もヒューマンな寛ぎを演出する。広場、博物館、美術館、教会、駅、百貨店など街の大道具が連続するショッピングストリート。地域特有の個店、看板、ベンチなどのストリートファニチャー、そしてパフォーマーなどの小道具。この大道具と小道具が混ざり合って居心地の良い界隈空間が完成している。

三つには、「商店街に衣食住の北欧デザイン」が溢れていること。コペンハーゲンの可愛らしく洗練されたインテリアや生活雑貨は、いかに暮らしを楽しむかをデザインと機能性の両面で追求する。北欧の冬は長く暗いので、家のなかに愛着の持てる家具や家電、生活用品は必需品であり、グローバル化の波に押し流されず独自の素材や質感ある機能美を大切にする。また、個性的な鮮やかな北欧カラーのオープンカフェの連なりは、１９８６年時点では２９７０席だったのが、１９９５年に４７８０席、２００５年には７０３０席と2倍以上になり、ストロイエ特有のデザイン性の高い景色を増幅させている。

地域特有の風景と商品との出会いがある世界一幸せな商店街は、半世紀以上にわたって改善されてきた。ウォーカブルは歩くの「ｗａｌｋ」と、できるの「ａｂｌｅ」を組み合わせた造語であり、

「歩きたくなる」「歩くのが楽しい」の語感がある。歩くのが楽しくなる生活には、幸せにしてくれる道と商店街づくりが大きな役割を果たしている。

ストロイエは社会実験から18年後には完全な歩行者専用道路になった。わが国も２０２０年に生まれたウォーカブル推進法がスピードアップされ、全国にストロイエのような風景が広がっていくことを切に願う。

3 ― 若者の起業の場になった沼垂テラス商店街

ストロイエと比較すると大きさや歴史は異なるが、日本での商店街の新たな挑戦事例として、「沼垂テラス商店街（以下沼垂テラス）」を紹介する。居心地の良い場所へと、おのずと女性は訪れると思わせたのは、新潟駅から徒歩約20分の場所にある小さな商店街だった。かつて沼垂市場通りと呼ばれ、昭和の時代には新鮮な野菜や日用品が並ぶ生活の場として賑わっていたが、近年はシャッターを下ろしたまま、店主の高齢化、店舗の老朽化が進んでいた。きっかけは２０１０年に空き店舗に若い店主が惣菜とアイスクリーム店をオープンしたことだった。続いて昭和レトロな長屋に似

沼垂テラス商店街（ベース地図：国土地理院地図 Vector）

合うインテリアショップ、カフェ、陶芸店が開業した。

そして、14年には沼垂地域全体の活性化を見据えた㈱テラスオフィスが設立され、商店街を形成する長屋を購入し、大きく再生プロジェクトがスタートした。15年には一つ一つの個店が集合した28店舗で構成された沼垂テラス商店街が誕生した。これによって商店街が一つのコンセプトで形成され、運営できるようになり、全体最適の商店街を目指して大きく飛躍できた。

沼垂テラスでは若い店主たちが今あるモノやコトを磨き上げ、沼垂テラス特有のライフスタイルを発信している。小さい商店街ながらも歩いて楽しめる道にはＳＣでは味わえない体験価値があり、買う目的がな

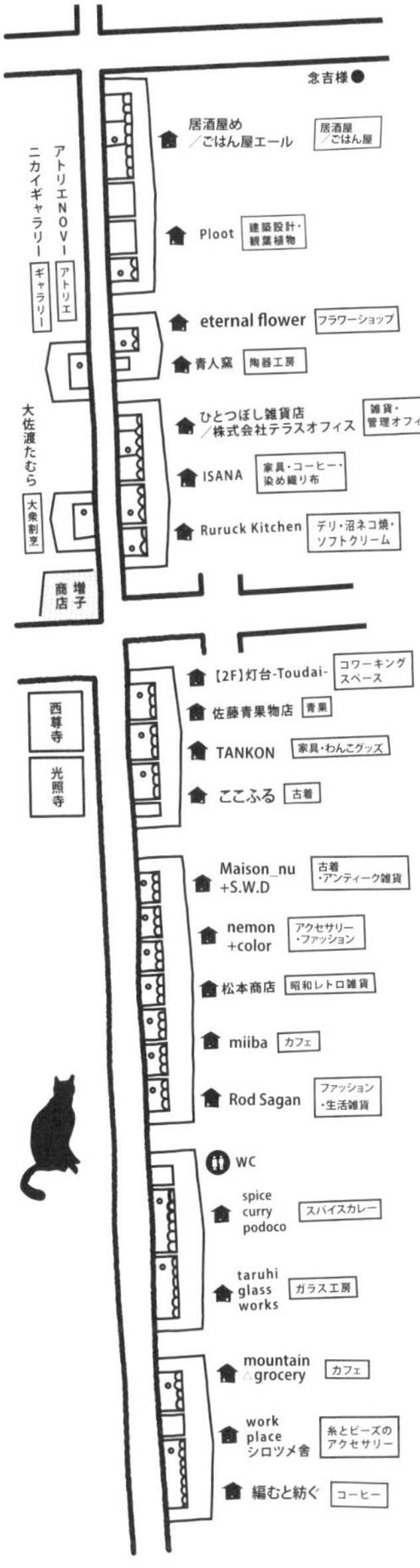

沼垂テラス商店街の店舗配置図
（サテライト店舗除く、出典：同商店街HP）

くてもなぜか足を止め手が伸びてしまう。昭和の記憶がない若い女性たちは、昭和をリデザインした風景をおしゃれと感じ、この場所で過ごしたいために来訪していた。

実体験したワクワクの体験価値を紹介すると、陶器工房「青人窯」ではデザインがユニークなお皿に出会い購入した。花屋「らいおん堂（23年、近所の広い所に転出）」では玄関に飾るプリザーブドフラワーを、セレクト雑貨の「ひとつぼし雑貨店」では本を購入。お茶を飲もうと若い夫婦が経営するお店「紡ぐ珈琲と。」に入り、主人のハンドドリップコーヒーと奥様の手作りスコーンを味わう。あまりのスコーンの美味しさにお土産用にも購入した。話しかけると、「店舗改装に予想外の費用がかかったが、空間も含めお客様に寛いでもらえている」と語ってくれた。周りのお店も店主

現代的デザイン感覚が沼垂テラス商店街を変身させた

たちと同じような世代が訪れており、店主とお客双方で共感している様子がうかがえた。

沼垂テラスのワクワク感の決め手はセレンディピティ度数の高さだろう。セレンディピティとは、素敵な偶然に出会い、予想外のモノやコトを発見すること。また何かを探しているときに、探しているものとは別の価値があるものを偶然見つけることである。これこそがネットではできない、実店舗が得意なリアルメリットの極め方である。

沼垂テラスのように背伸びをせず、ゆったりと楽しめることで、五感が満たされる居場所になる。大きさや安さや外見がすべてではなく、自分らしく美しい生活を過ごすヒントを与えてくれる店には大きな価値があると強く感じた。楽しく交わる〝まちの縁側〟というコンセプトが似合う商店街は、ただモノを買うだけではなく、街を歩き、人と出会い、お茶を飲み、街の生活文化に触れるなどの楽しみや発見をもたらす好循環を生んでいた。

新潟駅からは徒歩では時間を要し、周りには墓地もあるなど、誰が見ても好立地とは思えない。古くは栄えていた商店街も時代とともに衰退して忘れられた存在になっていたが、新しく蘇らせたのは、変化対応を恐れずに挑戦した次世代の若者だった。複雑な権利が絡む商店街では、新しいことをやろうとしてもなかなかまとまることが難しく、総論賛成各論反対が続き、結局は変化対応業とは逆の不変化・不対応になるケースが多い。沼垂テラスのように再生するには、時代への挑戦に背を向けないことが不可欠だと立証した。

4―パッサージュ・デ・パノラマと友好提携した円頓寺（えんどうじ）商店街

パリのパッサージュ・デ・パノラマ

フランスのパリには歴史が詰まったいくつかのパッサージュがある。一歩足を踏み込んだ途端にどこかで見たような気になる既視感にとらわれ、迷宮、迷路といったラビリンス空間に引き込まれ

パリのパサージュ

る。商店街やショッピングモールの原型でもあったパッサージュは、フランス語で〝通過〟や〝小径〟を意味し、複数の通りを接続することを目的に既存の建築物を改築して設けられた。ガラス屋根に覆われたパッサージュが18世紀末から19世紀にかけて登場した背景には、当時のパリは縦横の道路が未整備であり、別の通りへの移動が困難だったことがある。また狭い道を馬車が往来することで歩行者は不便を強いられ、雨の日は泥道と化していた。盛り場付近にある建物の所有者は、建物の間を通り抜ける近道をつくり、店舗を設ければ賃料収入が入ると考え、雨を防ぐガラス屋根、大理石の床と壁、モザイクタイルが敷かれ、左右に店舗が並ぶアーケード街が誕生した。全盛期には百か所以上も存在したが、今でもパリには十数カ所のパッサージュが現存する。

「パッサージュ・デ・パノラマ（以下パノラマ）」は１８００年につくられ、今では歴史的建造物に指定されている。サンマルク通りとモンマルトル大通りを結ぶ延長１３３ｍ、幅３・２ｍの街路には、古書店や切手店、アンティーク店が連なる。老舗の鴨料理店やフランスの家庭料理店など飲食を含め約60店舗が入居し、古い店も新しい店も違和感なく混じり合う。パノラマは複数の土地所有者で構成されるにもかかわらず、それぞれが個性あるファサードデザインを醸し出し、歩くだけでドキドキする気分になれる魅惑の場所である。

パサージュ・デ・パノラマのパンフレット

世界初の百貨店は１８５２年に誕生したパリの「ボン・マルシェ」だが、同時期に行われたオスマンによるパリの大改造以前の１８００年頃から歩行者向けの抜け道兼商店街だったパッサージュは、まさ

円頓寺商店街（ベース地図：国土地理院地図 Vector）

に商店街の原点であり、百貨店が誕生する半世紀前からあったモノの売り買いや飲食の場所であった。

秋のパリ祭

2015年にパノラマとの友好提携を調印したのが名古屋市の「円頓寺商店街」である。名古屋駅から徒歩15分の名古屋で最古の歴史を持つ円頓寺商店街は、年々活気を失い衰退が続いていたが、隣接する古い民家や商屋の風情ある四間道（しけみち）と呼ばれる土蔵のある街並みとの連動や、商店主に加え、関心を持つ建築家や大学の先生なども賑わいづくりに取り組んだ。フリーペーパー発行や円頓寺 本のさんぽみちやサタデーマーケットなどフリーマーケット開催、そして空き店舗にはモダンなセンスや意匠を凝らしたリノベーションを施し、小資本でも出店できるようにして若い飲食経営者たちを呼びこんだ。やがて

アーケードを活用したテラス付きのオープンレストランやカフェが増えていき、そのアーケードも骨組みを残してコンセプトやデザイン性を感じるように新調された。以前から残る老舗洋食店や肉屋、薬局との新旧が合わさった魅力は、まるでパリのパッサージュのようだとの声が上がり、機会を得てパノラマにプレゼンテーションしたところ、驚くことに提携が実現したのである。この前向きな行動力があったことで、さらに円頓寺商店街は活性化が進み、日本中の商店街関係者が訪れるようになった。

円頓寺 本のさんぽみちのチラシ

２０２３年11月11日、円頓寺商店街振興組合主催の年に一度の「秋のパリ祭」を訪れた。名古屋市と在日フランス大使館が後援をするなど、さらにパワーアップした光景があった。パリの市のような雰囲気と食、雑貨、ファッション、エンターテインメントすべてが融合し、訪れる人の多さに驚いた。今回のテーマは「フランス旅」。「フランスを旅したい、パリを楽しみたい！円頓寺商店街で

Bon voyage（好い旅を）」だった。街には蚤の市で出会う愛すべき小道具をさすプロガントが揃い、アンティーク・ヴィンテージのお皿やグラス、ジュエリー、フランス焼き菓子、絵本などフランスで買い付けてきた洋服や雑貨などが所狭しに並んだ。

アコーデオンの生演奏やフランス映画のトークショーも開かれ、まるでパリの休日のような1日だった。コンセプトを遵守しているため、商店街がテーマパークのような臨場感に溢れ、ここでしか得られない体験価値を目指して、遠方からも訪れるリピーターも多いと関係者が話してくれた。

衰退していた円頓寺商店街がコンセプトを重視し、ノスタルジックでモダンな地域の溜まり場、共感の場となり、観光客まで訪れる商店街に進化した。一方、道路を隔てた名古屋駅寄りには「円頓寺本町商店街」があるが、残念ながら時代対応をしなかったことで劣化が進み、二つの商店街で差が出てきた。

「パリのパッサージュと円頓寺商店街との関係づくり」「若い人への創業機会の提供」「居心地の良い日常のワクワク感づくり」を実現したことを、全国の商店街関係者にもぜひ参考にして欲しい。衰退した商店街であっても、やり方次第では地域の溜まり場、共感の場になることは、そう遠い道のりではないように思えた。

最大イベントとなった秋のパリ祭

パリの蚤の市にいるようなディスプレー

5 食の再構築に期待大の砂町銀座商店街

東京都産業労働局では1989年から3年ごとに都内の全商店街を対象に東京都商店街実態調査を実施しており、ここでは2023年調査からの動向を示す。商店街数は2374か所と前回調査（2019年）からは73か所減少、昨今は同程度の減少が続いている。業種別の割合では、飲食店36％、小売業34％、サービス業13％となっており、前回調査で最も多かった小売業は3・5ポイント減少した。全国の商店街の飲食店割合平均28％と比べると、東京の飲食店割合は全国平均より8％も高く、小売店割合がかなり低いことが分かる。またチェーン店が10店以上あると回答した商店街は27％と、前回調査より7・1ポイントも急増した。

この調査から読み取れる東京の商店街の傾向は、年々物販店舗業種が減り、飲食店舗業種が増えていること。さらに、都内ではチェーン店の出店割合が高くなり、とくに飲食店やコンビニ、ドラッグストア、小型スーパーなどのチェーン店が増えていることだ。このままの動向が続けば、さらに同質化が進み地域らしさが失われていくことは避けられなくなる。またチェーン店には商店街組織に入会しない、入会しても活動に参画しないといったケースが多々あり、商店街の結束力、運営

砂町銀座商店街（ベース地図：国土地理院地図 Vector）

力が薄れていく傾向にある。

東京には銀座と名が付く三大商店街がある。「戸越銀座商店街」「十条銀座商店街」、筆者が関与している「砂町銀座商店街（以下砂町銀座）」である。全長670mの砂町銀座には約180店舗が軒を連ね、平日には約1万5千人、休日になると約2万人が訪れる。来訪者の多くは近隣住民である。場所は江東区北砂3丁目地区にあり、西は明治通り、東は丸八通りに接するも、最寄りの東京メトロ東西線東陽駅、都営新宿線西大島駅からは徒歩で約20分の距離がある。周辺は道路幅が狭く駐車場が少ないため、砂町銀座への車でのアクセスは難しく、遠方客は最寄り駅からバスで訪れる。砂町銀座周辺には大型の団地があり、小学校、中学校が多く立地していることから、ファミリー層の多いエリアである。

下町の親しみやすさが人気の砂町銀座

当該地域は昭和の時代から東芝や大日本製糖、車両製造の東京製作所等の大きな工場があった。周辺は下請け工場や運送業といった中小企業が集まった工業地帯であったが、１９７０年代になると工場が郊外に移転し、工場地帯は団地となり、小名木川貨物駅跡地は２０１０年には大型ＳＣ（アリオ北砂）へと変わった。

多くの労働者が住んでいたことで生活に密着した野菜、肉、魚、惣菜を扱う店が多く、都内商店街の食料品割合平均の１割と比較すると、砂町銀座では食料品店が３割以上もあり、今も生活密着度の高い商店街である。砂町銀座５００ｍ圏人口は２万１４５９人、１km圏で８万５２３３人、２km圏で25万６５１０人となっており、周辺人口のボリュームは大きい。一方、５００ｍ圏での生産年齢人口は減少傾向にあり、

手作りの味が人気の甘味と名物塩うどん店

65歳以上の高齢者は２０１０年の４６６４人から、２０２０年には６８７７人に増加し、高齢化によって消費活力が減る傾向もある。

江東区全体では２０１０年から２０２０年までの10年間で、人口が１１４％と急増した。高層マンション建設や人気の豊洲地区、清澄白河地区もあることから子育て世帯が増えており、少子化による人口減とは無関係のエリアになっている。砂町銀座周辺にも大型ＳＣやスーパーマーケットがひしめきあい、子育て世帯は大型ＳＣの「アリオ北砂」や「イオンスタイル南砂」に出かけ、周辺に住む高齢者が砂町銀座を訪れるといった2極化が鮮明になっている。

砂町銀座から徒歩圏にあるのが「アリオ北砂」。核店舗（イトーヨーカドー）に１０３店のテナントで構成される。駐車台数が2千台あり、

1階はイトーヨーカドーが食品を大規模に展開し、2、3階には準核店舗としてユニクロ、ロフト、アカチャンホンポ、ダイソー、GUといった、ファミリーをターゲットにした品揃えである。大型スポーツクラブも併設し、土日に限らず平日も子育て世代のニーズを取り込む。

選択肢の多さや豊富な品揃えによる総合的な物量の提供ではアリオには勝つことはできないが、野菜や魚類の価格や鮮度では砂町銀座に優位性はある。砂町銀座の良さを強めていくことを再確認し、大型店との棲み分けをする必要がある。その軸になるのが、歴史とともに培われてきた食による再構築だと提案する。

おいしさを直接五感で感じることができる砂町銀座商店街は貴重な存在である。食物販店の多さ、店頭の親しみやすさ、美味しさは砂町銀座の最大の資産であり、その賑わいの連続性は大きな魅力となっている。食のカジュアルらしさとバラエティの質的向上を図ることで大きな伸び代が期待できよう。たとえば、砂町銀座らしいコロッケや焼鳥、おでんといった揚げたて、出来立てをその場で食べる人もいるが、商店街には座って食べる場所やベンチが少ないのもチャンスロスかもしれない。購入した食べ物を食べられるフードコートのような席を設け、手洗いや簡易トイレがあったら、潜在ニーズに応えることができよう。パブリックスペースとしても、様々なイベントを開催する交流の場所にもなる。合わせて災害時の備えも拡充できれば、商店街全体への安心安全を一層高められる。

また約180の店舗があるものの、多くは物販店舗と医療系サービスに偏り、飲食店舗は10数軒しかなく、全国平均や東京都平均と比較しても、著しく飲食店数が少ない。砂町銀座には名物のうどんや甘味を提供する店、老舗の洋食店、精肉店が経営する焼肉店、古い店舗をモダンにリノベーションし自慢のメニューを提供する店などの人気店もあるが、日本蕎麦、ベーカリーカフェ、日本料理店もなく、寿司店も1軒だけと飲食業種構成が不十分である。食は滞留時間が増え、リピーターを生む源泉になるため、ぜひ砂町銀座らしい食事場所が増えることを期待したい。

一方、砂町銀座は木造住宅密集地（木密）に指定されており、災害時の対応に先送りにはできない課題を抱えている。1923年の関東大震災では、密集する木造建築物の延焼により、東京では7万人以上の死者・行方不明者という大災害となった。首都直下地震の被害を減らすため木造密集市街地の強靭化が諮られ、都内の木造住宅密集地は10年で半減したが、なお約8600haと23区の1割強に相当する面積が残る。2024年1月1日に発生した能登半島地震の火災延焼により、日本三大朝市と言われていた200店以上の露店が連なる全長360mの「輪島朝市通り」が焼損した。焼失面積約5万8000㎡、全焼約300棟を教訓にしなければならない。

砂町銀座は緊急車両が入れない道もあり、燃えない街の実現には細かい街路をいかに拡幅できるかが喫緊の課題だ。現在、独立法人都市再生機構（UR）が整備に向けて地権者との調整をしているが、土地や建物の複雑な権利関係や高齢化による建て替えの困難さもあり、すべて解消するには

砂町銀座の総菜屋さん

長期の時間がかかると予測される。しかしながら、今できることから始めていかなければ安心安全は担保できず、商店街も持続可能ではなくなっていく。

あらためて商店街の役割は何かを考えると、商店街は個人店舗の集まりでできており、個店にはそれぞれの個性があり、それぞれの顧客がいる。地域の暮らしを継続するために、日常の暮らしの安心安全に貢献し、個店の個性を磨き活性化をしていくのが商店街の役割だろう。

砂町銀座は人とモノとの日常をつなげて活力を生みだすコミュニティ型商店街である。人々の生活や地域社会に根ざし、常に新たな価値向上を目指しており、さらなる魅力づくりに期待大である。

第6章

女性や子どもが集まる副都心に変えた豊島区の決断

1 ダイナミックに変化を続ける豊島区の挑戦 ― 池袋

公園から広まった公民連携の輪

山手線の西側にある副都心の渋谷と新宿は時代とともに面的に街が一新されてきたが、もう一つの副都心である池袋は１９７８年に駅東側でサンシャインシティが開業した程度で、男性の色が濃い雑然としたイメージが根づいていた。２０１４年、日本創成会議は２０４０年に20～39歳の若年女性が5割以下になるという指標から、全国８９６の区市町村が消滅可能性都市に該当すると発表した。そのなかで東京23区では唯一、池袋がある豊島区が消滅可能性都市になるとされ、豊島区に大きな衝撃が走った。

そのタイミングで国交省から豊島副区長として赴任した渡邉浩司氏（現、一般財団法人民間都市開発推進機構常務理事）は、要求するだけのお客様型区民から、責任を持って自ら行動する区民になるよう訴え、自分たちの未来は自分たちで実現することだと主張した。区では男性目線の負のイメージから脱却し女性に視点を合わせた街づくりを推進するため、「女性にやさしいまちづくり担当課」を新設し、産学官が連携して持続発展する都市再生に大きく舵を切った。

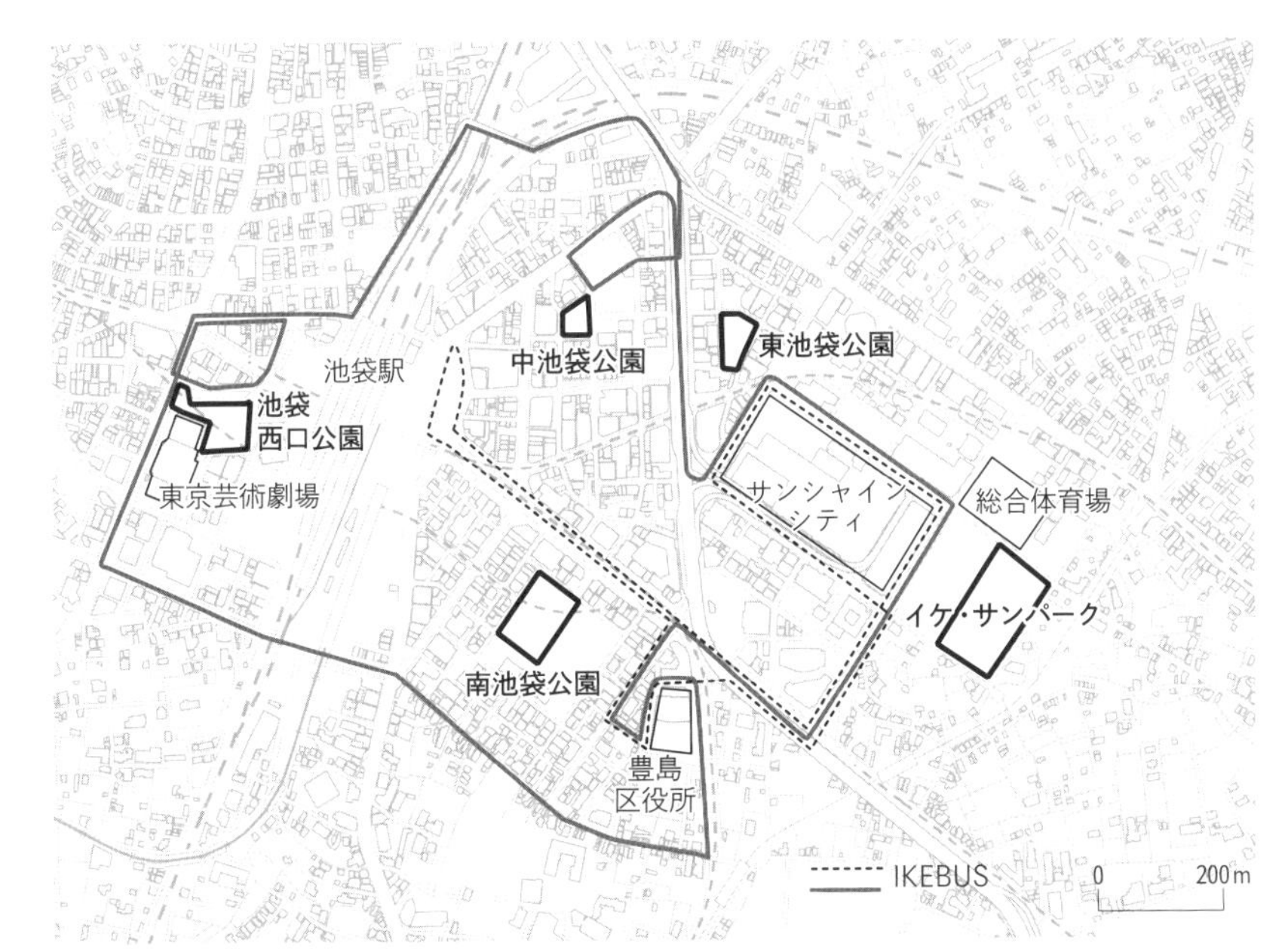

IKEBUSの運行ルートと公園等大規模施設（ルートは https://www.city.toshima.lg.jp/333/machizukuri/kotsu/bus/documents/240201_ru-to.pdf を参照、ベース地図：国土地理院地図Vector）

2015年に開催されたリノベーションスクールでの豊島区リノベーションまちづくり構想のタイトルは、「Happy Growth Town ママとパパになりたくなるまち、なれるまち」だった。そして、2016年にはホームレスが集まっていた南池袋公園が心地よい居場所に変貌した。大きな芝生広場にテラス席のあるおしゃれなカフェ、卓球台やシーソーなどのファニチャーが整備され、コンサート、マルシェ、ワークショップ、野外映画観賞会など多彩なイベントが開かれるようになった。公園が楽しいドラマがある劇場となると、街に化学反応が広がった。東京のなかでも通過する街、都会の匿名性が高い街と言われ犯罪も多発した池袋が、女性や子どもが集まる街へ急速に変化を続けている。

子育てファミリーが集まる南池袋公園

155
KOMATSU
池袋
アニメタウン
フェスティバル
AMERICAN EAGLE

Park-PFI手法による南池袋公園の再整備をきっかけに、18年の中池袋公園、19年に池袋西口公園のリニューアル、20年にはイケ・サンパークの開設と四つの公園が人と街の交流を促す新たなスポットとなった。各公園をつなぐIKEBUS（イケバス）の運行、豊島区役所の池袋中心部への移転など複数のプロジェクトが推進され、街の表情が大きく変わっていった。

行政によるハード整備と相乗するように、民間では「何度でも訪れたくなるまちづくり」を掲げ、周辺エリアの百貨店や専門店ビル、学校など計15の企業や団体が協力して「HANA CIRCLE PROJECT」の取り組みが行われた。「花とみどり」をテーマにした体験型ワークショップや花関連の販売展示、花の種をプレゼントする企画の旗振り役となったのがサンシャインシティであった。

サンシャインシティでは20年4月に実働部隊として「まちづくり推進部」を立ち上げ、地域の全体最適まちづくりに向けて活動を加速した。企画運営に携わった「IKEBUKURO LIVING LOOP」が、サンシャインマルシェの開催やワークショップを継続することで、サンシャインシティに子ども連れのバギーで訪れる若いママたちが増えるといった効果が広がった。

街の品格とパブリックマインド

２０２３年秋の東京でのハロウィン風景から、都市街づくりの違いが垣間見えた。「ハロウィン目的で渋谷駅周辺に来ないで欲しい」と異例のメッセージを発したのは長谷部渋谷区長。渋谷は世界レベルのイノベーション都市づくりを目指し、総合計画のなかで「愛せる場所と仲間を、誰もがもてる街へ」と訴えてきた区長にとっては苦渋の決断だったと推測する。背景には2022年のソウル梨泰院（イテウォン）での雑踏事故もあるが、最近の渋谷センター街で路上飲みによる騒動が頻繁に起きるなど、治安の乱れが目立ってきたのも要因である。渋谷は若者文化や最新トレンド発信の街だが、昨今の渋谷ハロウィンは「自分勝手ハロウィン」になってしまった。自己表現を尊重してくれる街である渋谷が「みんなで渡れば怖くない赤信号の街」という印象になり、それが当たり前になれば街全体が危険信号になる怖さが潜む。

渋谷と対照的だったのが「行政共生ハロウィン」との表現がふさわしい池袋のハロウィンだった。アニメキャラクター衣装を中心に様々なコスプレをした参加者には、事前予約をすることで安心安全な楽しいハロウィン交流が会場でセットされた。広い会場には外国人も目立ち、池袋の新たなコスプレ文化を世界に発信した。中池袋公園の「アニメイト」前では花道がつくられ、コスプレイヤーが通ると沿道から歓声が上がっていた。行政がコスプレ文化を理解し、全面的に若者をサポートに回った功績は大きい。

池袋は消滅可能性都市の黄色信号がきっかけになり、歓楽街の男性志向イメージの脱皮に動いた。池袋と渋谷では、ハロウィン対応に差異があったように、街は集まる人の資質によって影響を受ける。この違いは、街の品格の良否はパブリックマインドを生育できるかで左右されると思わせた。

各公園をつなぐIKEBUS

日本ではパブリックは「国が、行政が提供するもの」という意識が強い。しかし、欧米では「私たちのもの」と意識され、そこからパブリックマインドが育つ。パブリックマインドは、皆のために役に立つようなことをする気持ちであり、公共のためを思う公共心として街の資産になる。

池袋はどんな都市街づくりを目指すべきかを考えると、街が整然として清潔感を保つだけに注力すると、どこか面白みが足りなくなる。池袋は色々な世代が集まったハイブリッド性を持つ街であり、街の活気あるドラマ性は持ち味だ。池袋は多様な個性を認め、活用する多様性を重んじるダイバーシティのモデル都市になっていく可能性を秘めている。

商業的な側面で言えば、池袋の商業施設や店舗の多くは、差別化できずに価格競争に陥りやすい中間価格帯の店舗が多く、高価格帯消費は一部に限定されている。西武百貨店池袋店は店舗面積が７万３８１４㎡の大きさがあり、非日常性の高いプレステージブランドを核に差別化を図っているが、ヨドバシカメラが進出することで百貨店自体の再編成が大きな課題である。東武百貨店池袋店は西武を凌ぐ店舗面積が８万５９４４㎡の巨艦であり、池袋駅利用者のデイリーをサポートする百貨店である。二つの巨大百貨店を軸に、パルコやルミネといった専門店ビルが駅を取り囲む。池袋は駅袋と揶揄されるように、駅なかから外に出てこない街だったが、これからは街の回遊を促す大きなコンテンツづくりが急務である。新宿、渋谷と比べると池袋はバラエティ性があるが、わざわざ池袋に足を運んでくるだけの情報力と先端性が欠如しているからだ。

戦前から豊島区には美術家や詩人、映画俳優、大学生などが集まることで「池袋モンパルナス」と称された歴史があった。戦前に豊島区要町、長崎、千早を中心に、若い芸術家向けにアトリエ付き貸家群が生まれ、切磋琢磨しながら創作に打ち込んだ。夜になると池袋の街に繰り出して、芸術論を戦わせ、未来の夢を語り合うなどの交流をしていたと伝わる。

住民の憩いの場モンパルナスのカフェ

そんな背景を下敷きにして、池袋の街なかに多彩なアートカルチャーを連続して仕掛けていくと、大きな都市街づくりの魅力が期待できるのではないだろうか。次章で取り上げるメルボルンでは、多様性を都市デザインに反映させ、持続可能な都市成長を実現している。

池袋のような大きな街でも地域価値をつくることはできる。地域とは、生活圏のなかにある街。価値とは、どのような未来をつくりたいかということ。地域における行政、企業や学校等の地域関係者、住民が将来の暮らしの姿を描きたくなるきっかけや仕組みができるか、できないかにより、自立する地域と、衰退する地域に分かれていく。

池袋は世界を視野にした地域価値ができるのではないだろうか。森ビルのシンクタンク「森記念財団都市戦略研究所」は、経済、研究・開発、文化・交流、居住、環境、交通・アクセスの6分野を評価し、順位付けしている。2023年1位はロンドン、2位はニューヨーク、3位は8年連続で東京であった。4位のパリ、5位のシンガポールを含めて考えると、東京にはナイトカルチャーが未成熟だと思う。上位都市には夜を楽しむコンテンツが多く、ミュージカルやオペラ観賞、ナイトクルーズ、煌めくイルミネーションがある。百貨店のショーウィンドー、パサージュ、カフェも夜になると魅惑的になり人が街を回遊する。シンガポールには夜行性動物を観察できるナイトサファリもある。東京都市圏に不足しているのは、夜間人口の著しい低さだ。居酒屋、バーなどはあっても、ナイトカルチャーとして若い層から熟年層までが健全に楽しみ開放的になれる場所がないのが現実である。これでは、東京を訪れるインバウンド客も期待はずれだろう。

そこで、池袋に世界を魅了するナイトカルチャーづくりを提案する。パリ中心部から少し離れた場所にあるモンパルナスでは、今も夜になると人々はカフェに集まり、ナイトライフを楽しむ光景が続く。池袋には女性を惹きつけるサブカルチャー、ポップカルチャーがあり、さらなる五感に響くエンターテインメントの質量を拡大していければ、体験型のエリア価値も生まれるだろう。“Sensuous”とは、英語で「感覚の」「五感の」「官能的な」の意味。池袋が夕方から夜にかけて開放的に楽しめるリアルな空間、業態が集まるセンシュアス・シティになるよう期待したい。

そんなナイトカルチャー構想が浮かぶのも、昨今の池袋が果たした都市再生の功績は大きく、街なかでは親しみが持てる要素を重ね活性化をしているからである。池袋駅東口、西口では未来の池袋の姿を描く大規模な再開発が予定されており、池袋駅を貫く東西デッキがつくられ、駅前広場が再生されることで、駅と街を一体化した「人」中心の副都心へと変える計画が進行する。2023年2月に逝去した故高野豊島区長は、区の再生に大きな足跡を残された。

2 ― 地元の不動産会社が街を変えた ― 大塚

今まで数えるほどしか下車したことがなかった山手線・大塚駅は都電荒川線が乗り入れ、少し歩けば東京メトロ丸の内線「新大塚駅」も利用可能な場所。大ターミナル駅の池袋とおばあちゃんの原宿と評された巣鴨に挟まれ、どこか存在感の薄い街だった。駅前には風俗店やパチンコ店もあり、

ba 01 18 年に誕生した星野リゾートの「OMO5」

ba 02 「東京大塚のれん街」居酒屋系業態 11 店舗構成

ba 03 47 世帯が暮らすディンクス主体のマンション

ba 05 北口広場と接近した立地に飲食店やクリニックビル

ba 06 人気焼肉店など大塚のカジュアル食で再編集

ba 07 1 階にスターバックスが入った複合ビル

大塚駅と ironowa の事業（ironowa、豊島区資料より、ベース地図：国土地理院地図 Vector）

ba01 と荒川線

ぼんご（ba02）

東京大塚のれん街（ba02）

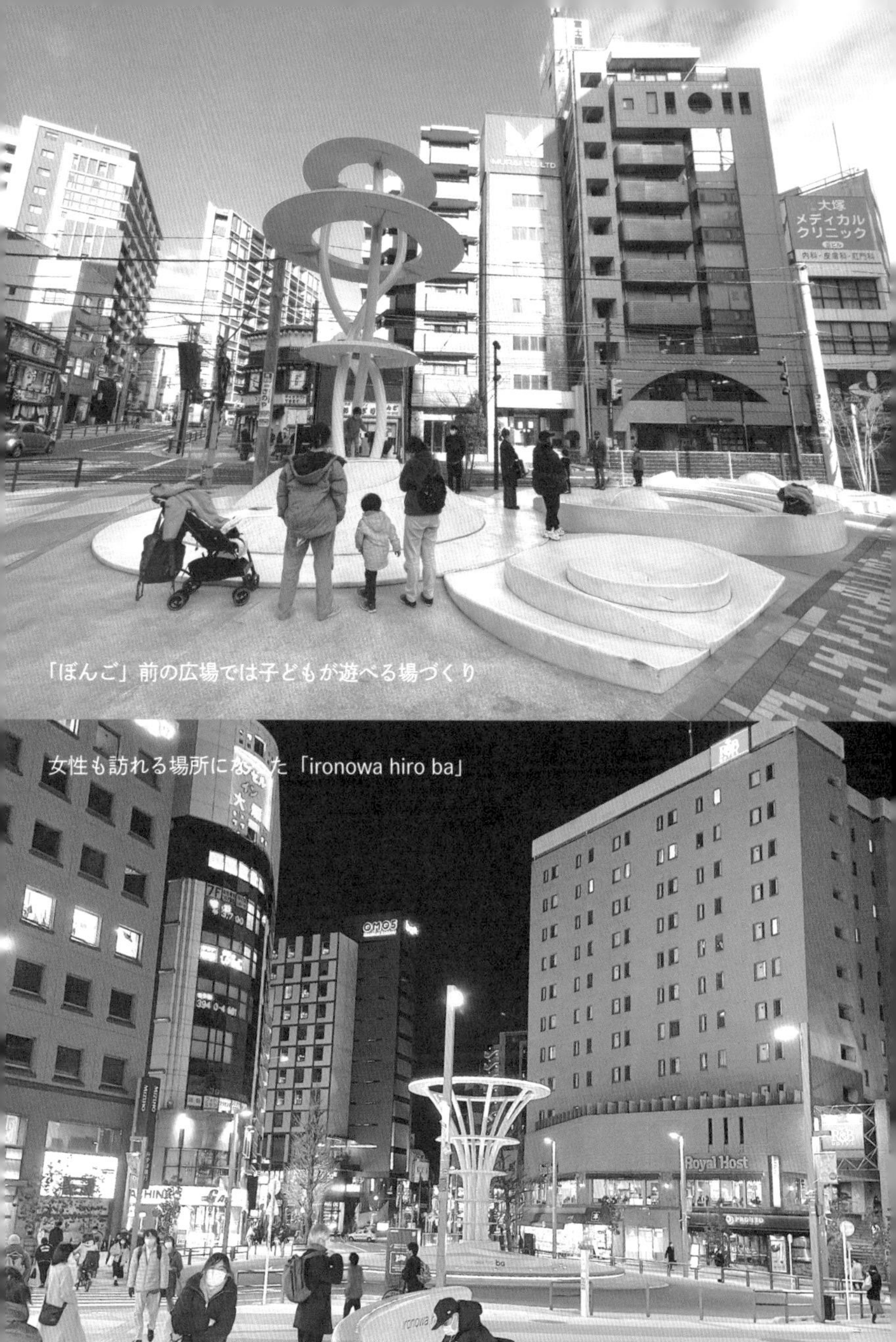

「ぽんご」前の広場では子どもが遊べる場づくり

女性も訪れる場所になった「ironowa hiro ba」

とくに女性が下車して時間を過ごすような街ではなかったが、最近は〝行きたい街、住みたい街〟へと大きく様相が変わり、わざわざ若い女性も訪れるようになった。

大塚を個性的にかつ未来につなげていく開発を進めているのは、山口不動産から新社名を「ironowa」に変更した地元の小さな不動産会社であった。社名には「様々な個性を持つ人が集まり、手を取り合い、各自が主体的になって暮らせる街を作りたい」との思いが込められているという。

2021年に大塚駅北口のロータリーがリニューアルされ、アートフルな駅前広場として誕生した。広場の円形アーチや腰掛けることができるファニチャーには、「ironowa hiro ba」と記されている。豊島区は地元を活性化する広場づくりの事業費を賄うためにネーミングライツの希望者を募集したものの応募がなかった。そこで山口不動産が応募したところ、当時の高野区長は地元の小さな企業が街を変えていく心意気をおおいに評価し、当初計画以上に質の高い広場整備がされ大塚駅前が変化した。

「ba」とは「being & association」の略で、ここの「場」でつながりを感じることができたらとの意図がある。大塚駅の玄関口にある広場に子連れが遊ぶ、女性が一人で佇む、カップルが談笑するという景色が広がるのを、10年前に誰が想像できただろうか。

さかのぼれば、挑戦への船出は2018年に誕生した「OMO5」からだった。OMOは「街ナカホテル」として、旅先を深く楽しむ星野リゾートの都市観光スタイル業態だ。どこにでもあるビジネスホテルでは大塚という街を変えることはできない、そこから発火するインパクトが必須だとironowaの武藤浩司社長は決断した。ＯＭＯ誘致を実現するために、自らホテル下層階に直営の飲食店を出店する投資をし、ビルにはｂａの第1号を現す「ｂａ01」と明記された。

同時にＯＭＯと都電荒川線の線路を挟んだ隣接地は、「ｂａ02」として古い建物をリノベーションした居酒屋系11店舗を集積、キャッチコピーは〝東京大塚で、サンセバスチャン〟という「東京大塚のれん街」になった。ironowaの小堀良治氏は、「東京大塚のれん街には30代〜40代の女性客が来店し、またＯＭＯも女性3人で宿泊するケースが多く、男性目線の大塚に女性が訪れるようになってきた」と話す。

「ｂａ02」の裏手には、47世帯が暮らすディンクス主体のマンション「ｂａ03」が誕生した。「ｂａ05」は北口広場と接近した好立地に飲食店やクリニックが入居し、「ｂａ06」は雑居ビルだったが、地元人気焼肉店など大塚のカジュアル食を集めて再編集した。そして「ｂａ07」は1階にスターバックスが入居した複合ビルになり、駅から始まり、広場、街路、街区へと連続した個性的な場がつながった。また、行列ができるおにぎり専門店「ぼんご」もironowaの武藤浩司社長の「ｂａづくり」に共感し、老朽化した店舗からｂａづくりの路面店へと移転した。連日の行列は線路沿いに東京大塚のれん街まで続く。短期間かつコロナ禍にも遭遇しながら、地元の不動産会社がなしえた奇跡の街再生と言えよう。

２０２２年10月、創業90年を超えるインソール製造販売業の「村井」は、「ぼんご」とは至近距離にある自社ビル１階に「ARUKU COFFEE & GALLERY」をオープンした。村井隆社長は「街にたくさんの人が行き交い、活気が溢れ、環境が変化したことで開業するきっかけになった。街を変えてくれたことをとても感謝している」と語った。

大塚駅北口が居心地の良い大きな街のリビングルームのような役割を果たし、人と人、人とモノやコトが出会い、新たな化学反応が連鎖する。ironowaプロジェクトは、理念である「まちの体温をあげていく」ことを続ける。街を「カラフルに、ユニークに。」のメッセージには、このまちを訪れたら、心がワクワクして、ぽかぽかと体温が上がるとの意味が込められている。

大正から昭和にいたるまで、大塚は花街として栄えていたことで、今でも老舗の有名料理店が健在な街。東京三大居酒屋に数えられている店もあり、日本酒の聖地とも呼ばれている。コの字のカウンターで気楽に過ごせる雰囲気は、常連客と噂を聞いて訪れる客が混じり合う。路地を入れば個人経営の魚屋や八百屋、惣菜店もあり、大塚らしい風情を感じることができる。

最近は共働きカップルや子育て世代が大塚を選んで住むようになった。ironowaプロジェクトの効果と下町風情が残る大塚を訪れると、街は志と実行力とリアルメリットを極めた創造性があれば変えていくことができると確信が持てた。

第7章

ウェルビーイングで成長を続けるメルボルン

1 世界最先端の「街づくり×商業」の街

メルボルンとの出会い

近年、世代を超えて楽しめる居場所が中心部から郊外に広がり、「街づくり×商業」で最も成長した都市がオーストラリアのメルボルンだと思う。実はメルボルンとの出会いは、長年にわたり通い続けていたポートランドだった。2018年にポートランドのアルバータストリートにて、開業後から行列ができる話題の飲食店「プラウドメアリー」を訪れた際、偶然メルボルン在住のオーナーのノーラン・ハータ氏と会うことができた。プラウドメアリーの本店はメルボルンにある。2号店をポートランドに出店した理由を訊ねると、「世界で朝食文化をリスペクトしているのは、メルボルンとポートランドだから、2号店はポートランドに出店した」と答えた。さらに、なぜ朝食やスペシャルコーヒーにこだわるのかを聞いたところ、「シェフが力を込めて調理した朝食とスペシャルコーヒーは、1日のスタートを素敵にしてくれる」とのポリシーだった。

メルボルンのコリングウッド地区にあるプラウドメアリー本店は午前7時に開店し午後4時まで朝食、ブランチ、ランチを提供する。店内は若い人からシニア、カップル、赤ちゃん連れのファミ

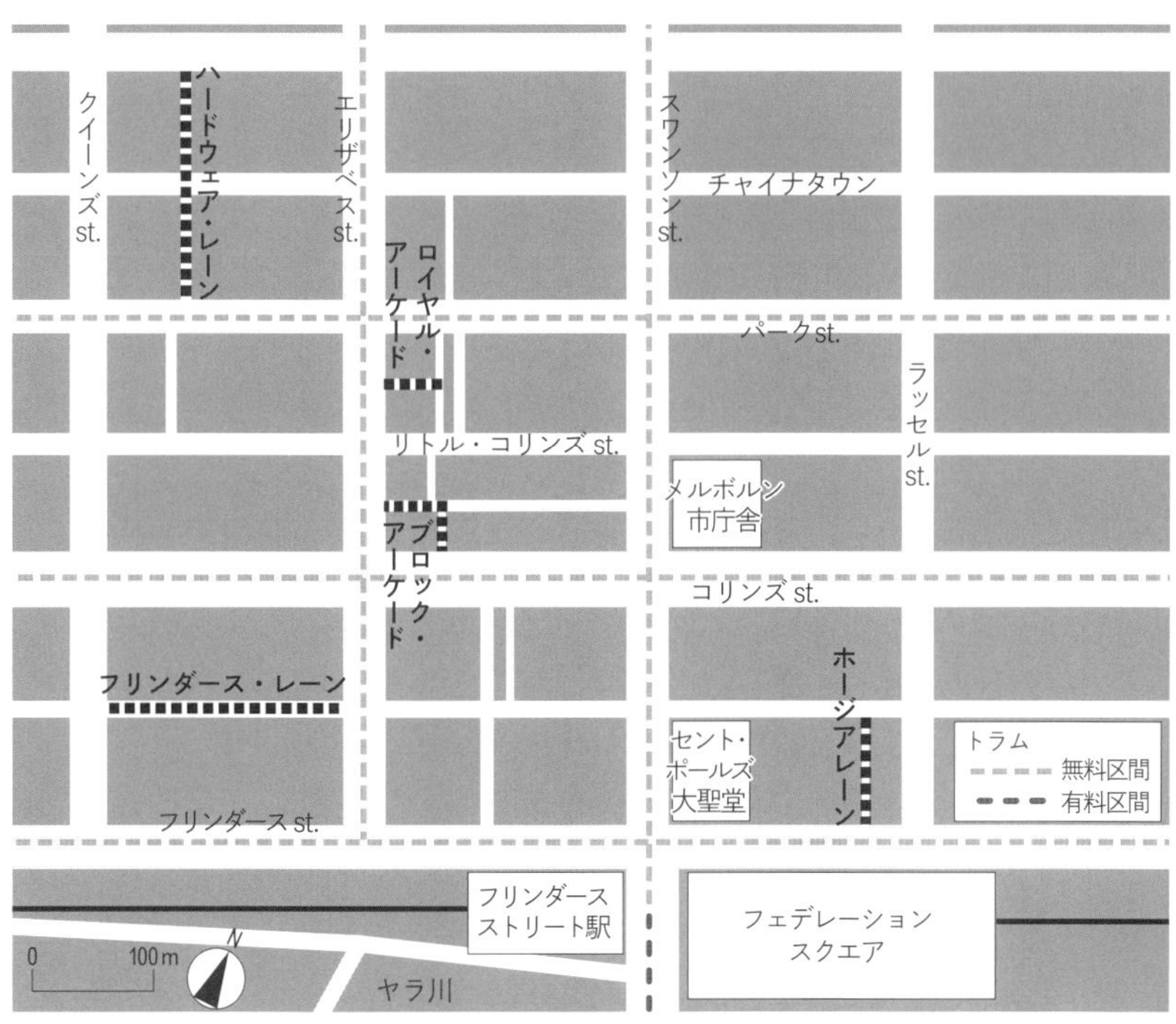

メルボルン・フリンダースストリート駅付近（出典：ビクトリア州政府観光局 https://jp.visitmelbourne.com/-/media/pdfs/international/japan/melbourne-map-2019.pdf?ts=20170214501017 をもとに作図、ヤラ川以北の都心はトラム無料区間）

リーまで多様な人たちで溢れ、皆それぞれが朝から良いスタートダッシュを切っていた。新鮮な卵やベーコン料理、良質なサーモンにスイカ、アボカド、パクチーをバルサミコ酢で和えたサラダは、日本の低価格の朝食とは真逆の高単価で提供する意義と価値を含んでいた。

「CIBI」もメルボルンを深く知るきっかけをつくってくれたカフェだ。日経MJでの連載記事の取材で街の居場所になっているカフェ事例を調査した際、東京・千駄木にある「CIBI」に出会った。実はこの千駄木店は2号店であり、1号店はプラウドメアリーから徒歩5分の

CIBI メルボルン（店内）

人気のカフェ　ハイヤー・グラウンド

車内はレストランバーになっている Easey's

コリングウッドにあるメルボルンであったのには驚いた。２０２０年にメルボルンに訪れた際には隣接地を増床し、日本の食器や日用品、雑貨の物販を併設した約８００㎡の大型店になっていた。「ライフを楽しくする」がＣＩＢＩのコンセプトであり、メルボルンでも地域の人々に支持されている姿を目にした。

中心部から車で10分の距離にあるフィッツロイ地区は、スミス・ストリートを挟んでコリングウッド地区と隣り合わせにある。住宅と商店街やモノづくり工場と倉庫が混じり合う街区。中心部の地価が高くなり、フィッツロイやコリングウッドに若者がカフェやバー、アートギャラリー、アートスタジオ、服飾・インテリアデザイナーの作品を並べたショールーム、古着やヴィンテージのファッション店などを開き、古くからある多国籍レストランや地元商店と溶け合っている。ボヘミアン発祥の地と言われた地区に前衛的なエネルギーが加わり、創造的エネルギーが浸み出す。

「Easey's」は2000年2月にコリングウッドの北側を歩いていたときに、目に入ってきた。屋上に列車が3車両置かれ、そこがレストランバーになっていた。ずっと興味を惹かれていたEasey'sを2024年に訪れたが、廃車になった車両を見事にコンバージョンした飲食店は期待以上の美味しい食事、景色、音楽を提供してくれた。このエリアはプラウドメアリーやCIBIだけでなく、インダストリービーンズ、エーコーヒー、エブリデーコーヒーなどこだわりのカフェやバー、レストランが集積しており、メルボルンは世界一カフェのある街と評されている。だが、スペシャルコーヒーだけでなく、クラフトビールもあり、近郊にはヤラバレーというワイナリー集積地もある。多様性が尊重された食文化はクリエイティブな生活のエネルギーになっている。

多文化と多様性

この多様性はオーストラリアの歴史と密接な関係がある。歴史を紐解くと1788年に英国による植民が始まり、1850年代に近郊から金が採取されたことでゴールドラッシュが始まり、ヨーロッパやアジアからの移民が急増した。20世紀初頭から戦後にかけて白豪主義による移民制限もしたが、2度の世界大戦では戦死者も多く国防や経済面の必要性もあり移民制限を緩和した。

1970年代からヨーロッパ、アジア、先住民であるアボリジニ文化も共生する多文化国家の道を歩み、現在は200を超える国からの移民が暮らす。それぞれの国の文化を守りながらも寛容に重なり合って多文化社会が形成されてきた。

オーストラリアの国土面積はアラスカを除く北米とほぼ同じ大きさで、日本の約21倍の面積がある。人口は約2600万人で日本の5分の1ほどであり、全体の約8割がオーストラリア東部（ニューサウスウェールズ州、ビクトリア州、クイーンズランド州、首都特別地域）に集中する。2022年6月時点ではニューサウスウェールズ州都シドニー都市圏が人口530万人で第1位、ビクトリア州都メルボルン都市圏は502万人で第2位だったが、人口急増と一部エリアを編入したこともあり、23年4月にはメルボルンの人口が約580万人となってシドニーを1万9千人ほど上回った。異なる文化から多様性が育ち、寛容さが築かれ、ウェルビーイングな生活の街はさらに人を惹きつけている。

ウェルビーイング（Well-being）とはWell（良い）、Being（状態）で心身が満たされ、心身ともに良好な状態のこと。メルボルンは英国エコノミスト誌で「世界で最も住みやすい街」ランキングの第1位に連続7年で選出されるなど、日常の暮らす価値を大切にすることで住みやすい都市（Livable City）として成長を続けている。人種や性別、年齢、宗教、価値観、障害の有無など、異なる属性を持つ人々が共存してお互いの考え方や個性を受け入れる多様性の意味で表現されるのがダイバー

賑わうクイーンビクトリア・マーケット

シティである。ウェルビーイングは、サステナビリティ、ウォーカブル、ミクストユース、アートフル、ローカルファーストなどの要素とつながり、さらにそれらがダイバーシティ、ウェルビーイングにつながっていく循環の構図である。

日常のマーケット

この街を牽引しているのは金持ちの富裕層ではなく、内面の心が豊かな住民であり、住みやすさとは街と一緒に健康に暮らすウェルビーイングの総量だと得心がいく。象徴なのが数カ所で開催される街なかの常設市場である。週1とかのイベントでのマルシェではなく、住民の日常のなかに組み込まれた市場であり、自分が心から幸せを感じることができる。上辺だけの付け焼き刃でのイベントのマーケットとは大きな違いがある。

「クイーンビクトリア・マーケット」は南半球で最大規模の常設市場だ。1878年に開業、朝6時から15時もしくは17時頃まで開いており、月曜日と水曜日は休み。総面積7万㎡に700店以上が集積し、日常に欠かせない新鮮な野菜、果物、生花、魚介類、肉加工品、チーズ、ベーカリー、スイーツのほか、飲食店、フードコートや衣類、民芸品、雑貨、土産品が所狭しに並ぶ。量り売りや威勢のいい掛け声のコミュニケーションのやり取りは、スーパーマーケットでは体験できないライブ感が漂う。オーガニック大国のオーストラリアらしく安心安全な野菜、果物のほか、オーガニックワインや保存料を一切使わない100％ナチュラルのドライフルーツなども手に入る。また、魚介コーナーの生牡蠣専門店では朝獲れの牡蠣をその場で食することもできる。子どもを連れたファミリー、カップル、高齢者に加え、観光客も訪れるオールターゲットの日常市場だった。

メルボルンで最も長い歴史を誇るのが1867年につくられた「サウスメルボルン・マーケット」。クイーンビクトリア・マーケットと比べると規模は小さめだが、生鮮食品のほかにも生活雑貨、ハンドクラフト、アート絵画、ネイル、リフレクソロジー、スタイリッシュなカフェ、フレッシュスムージーショップなど洗練された店舗が配置され、メルボルンらしさを感じるローカライズの雰囲気がつくりだされていた。建物は古いが、内部環境は照明、サイン、グラフィックに現代的

新鮮な牡蠣を食べる人々

クイーンビクトリア・マーケット
の肉売り場

サウスメルボルン・マーケット

スイーツ売り場も充実するサウスメルボルン・マーケット

サウスメルボルン・マーケットの魚売り場

要素を取り入れた秀逸な環境デザインであり、住みやすい生活環境づくりに連動していた。

この二つの市場から感じたのは、日常の豊かさを育んでいくマーケットの影響が大きいことだ。日常の大切な価値は住む人、訪れる人が幸せになれる場所がどれだけあるかがバロメーターになっていると気づかされた。

メルボルンはガーデンシティとも呼ばれ、都市面積の4分の1を占める公園や広場があり、街には歴史ある建物や住宅、市内をウォーカブルに過ごせる路面電車の整備、公共図書館などの教育環境といった恵まれた環境がある。加えて100を超える国からなるレストラン、パリを凌ぐと言われる数のカフェ、街なかには溢れるアートもあって、豊かに暮らせるリバブル・シティが形成されている。

アーケードとレーンウェイ（新旧の居場所）

世代それぞれのメルボルン独特の居場所として、「アーケード」と「レーンウェイ」がある。

アーケードは両側に店舗が並ぶ屋根付きの空間である。メルボルンではビルを突き抜け不意に現れるアーケードが七つもあり、それぞれが街の大道具の役割を果たしている。

オーストラリアで最も優雅な小径と称されるのが「ブロック・アーケード」。1893年に建てられたビクトリア様式の建築は息を飲むエレガントな雰囲気が漂い、L字に入り組んだアーケードには住民のライフスタイルに寄り添った紅茶とケーキ店、カフェ、スパイス、ブティック、理容室、生活雑貨が連なる美しいプロムナードだ。

ブロック・アーケードを抜けていくと、1870年に建てられた最も古い「ロイヤル・アーケード」につながる。ルネッサンス様式のドーム型のロイヤル・アーケードにはさらなる歴史を感じさせる重厚感がある。80mを超える1本道のプロムナードには、魔法や魔術の専門店、マトリョーシカの専門店、工房付きの宝石店など個性的な物販から、カフェやマカロンスタンド、ビューティーなどのショップがアーケードショッピングの楽しさを演出する。大規模なSCに慣れた現代生活者にとって、可愛

ブロック・アーケードの入口

ブロック・アーケードは市民の大切な居場所

賑わうロイヤル・アーケード

1870年に建てられたロイヤル・アーケード

マーケットで花を買った住民

らしく親しみのある回廊で出会うドラマは新鮮な驚きだろう。

アーケードの趣と対照的なのが「レーンウェイ」である。レーンウェイは裏路地、裏小径といったビルとビルの間や脇道に発生したスペースである。従来はゴミ置場や荷捌きの場所だったレーンウェイが、若者の社会的エネルギーを発散する自己表現のステージになりサブカルチャーとして認められるようになった。壁や道に描かれたストリートアートは、行政からは違法な落書きとは一線を画したストリートカルチャーとして認められ、巡り歩くガイドツアーもあるほどだ。最近は朝から夜までレーンウェイ巡りを目的にメルボルンを訪れる若者も多い。

いくつか紹介すると、行き止まりの「ランキンズレーン」ではロースタリーのあるカフェ、パスタバー、オーガニックコットンファッションのベイシーク、ビューティーなどの店舗が壁画の風景に収まり、スケーターズやヒップホップファッション、古着店などはレーンウェイとの相性が合う。中華街とロンズ・デール大通りを抜ける「タタソールズレーン」には、グラフィティ・アートの壁画がダイナミックに描かれている。一画にある「セクション8」は、海上貨物運送コンテナを使ったキッチン、木のパレットを重ねたテーブル、ビール樽のイスといったリサイクルされたものが使われ、夜になるとＤＪが登場しクラブになる。ここは２００６年からメルボルンのサブカルチャーの地としての存在感を発揮している。

写真にあるのが「ホージアレーン」。街のシンボルになっているフレンダース・ストリート駅の

ホージアレーンのレーンウェイアート

路上にも描かれたレーンウェイアート

レーンウェイは若者のコミュニティ

メルボルンのサブカルチャーを醸成するレーンウェイアート

レストランHAZELからは室内からホージアレーンのレーンウェイアートが見える

交差点にあるセント・ポールズ大聖堂の脇道にあり、昼夜賑わいをつくる。ホージアレーンの入口にあるHAZELという人気レストランの角のテーブルからは、ストリートアートを見ながら食事ができる特等席があり、２０２４年1月にはこの席で食体験をすることができた。

街を歩くこと自体が楽しく、街に多様な選択肢と居場所があると、街区と街路が俄然面白くなっていく。日本ではウェルビーイングを標語として使う自治体や商業施設はあるものの、口先だけでは生まれないし育たない。根っこにある暮らす人の幸せな時間をどうつくっていけるか、その真価が問われる。

2　コロナ禍を乗り越え公民連携で成長が続く街

パブリックスペースとアート

暮らす人の幸せな時間は、メルボルンでは公民連携による取り組みでつくりだされ、街の賑わいや、人の成長も後押しする。土日に開催されるアートマーケットのザ・ローズマーケット（The Rose Market）もアーチストの活躍する場だ。道や広場において多彩な作家の作品が並ぶマーケット

道路や広場もアートで染まる
ザ・ローズマーケットの古着市場

6 つの美術館とギャラリー、イベント広場
があるフェデレーション・スクエア

1856 年建立のビクトリア州立図書館

界隈性を生むレストランのパークレット

街なかには大きな公園が複数ある

には地域全体で若い世代の新しい才能や思考を理解し、受け入れる姿勢があった。日本にはアーチストたちの表現の機会をつくり育てる街なかのパブリックスペースが少ないことを痛感した。

オーストラリア政府は全世界に広がったコロナ禍対策で2020年3月には国境閉鎖を宣言した。メルボルンは世界最長の262日の長いロックダウン期間を経験したが、活力が失われることはなかった。メルボルンは文化やアート中心の街と言われ、街なかのパブリックスペースの使われ方、パブリックアートの質の高さから、街を一つのキャンパスにする強さがあった。

コロナ禍で政策的に強化されたのは、飲食店前の車道を屋外席として利用する「パークレット(Parklet)」だった。市は車道との間に高さ90センチ以上の柵と、花などのプランターボックスを設置する安全性と美観に配慮したガイドラインを設定して約190か所を許可した。結果は、店舗の売上増だけでなく、街の界隈性づくりに大きく寄与する新たな街路景になった。

レーンウェイを借景にした高級レストランやカフェもいくつか現れている。単なる無法な落書きとは一線を画したアートに昇華するのは、いかにその場所にふさわしいテーマや作風が描かれるかが重要なポイントになる。メルボルンに在住する店舗や商業施設に造詣の深いデザインジャーナリストの山倉礼士氏は、「特定のレーンウェイについては、行政がアートプロデューサーと連携し、誰にどのように描いてもらうかのマネジメントしている」と話してくれた。質の高いデザインコントロールにより、すでにレーンウェイ・アートはポスターや絵葉書になり、若い人たちがメルボルンを訪れる目的にもなっている。

公共空間である街路を使いこなせば街の賑わい創出や地域経済効果につながる。日本のウォーカブル政策にもおおいに参考になるだろう。

さて、日本では少子化対策は喫緊の課題であるが、重要なのは「子育て世代にとって前向きな気持ちになれる居場所をつくること」ではないだろうか。メルボルンは都市面積の25％も公園があり、良質な図書館は自由滞留を促し、美術館や博物館では学生や子どもはほとんどが無料で鑑賞できる。中心部（CBD）区間を走る路面電車には無料で乗車できるウォーカブルな街は、子育て世代にとっても日常の暮らしの居場所になっている。

メルボルンで体験したのは、高級レストランでも家族が赤ちゃんを連れて食事を楽しむ姿だ。ときには子どもが泣いたりすることもあるが、周りの人たちは特別視するわけでなく、何事もないように同じ空間で楽しむ。郊外のSCのフードコートでは突然奇声を上げた子どもがいたが、誰も迷惑がった視線を浴びせることなく、当たり前のように過ごす姿もあった。多様性は何が本意なのか。多様性は「人々の優しさにより思いやりがつくられ、互いに尊重し合うこと」だと感じた。大切なのは私たち大人が多様性を正しく理解することである。

開放的でおしゃれなチャドストーンのフードコート

ハーウッド・ブリックワークス屋上の都市農場

LBC に認定された NSC、バーウッド・ブリックワークス

南半球最大のＲＳＣと世界で最も持続可能なＳＣ

メルボルンらしい暮らしに彩りを添える代表的なＲＳＣとＮＳＣを二つ紹介する。ＲＳＣは中心部から車で30分ほどの場所にある「チャドストーン・ザ・ファッションキャピタル（Chadstone The Fashion Capital）」、通称チャドストーンと呼ばれるＳＣ。日本では質と規模の両方でチャドストーンを超えるＳＣは存在しない。１９６０年にＮＳＣ業態で開業したが、量と質の拡張を続けた結果、現在は百貨店からスーパーマーケット、Ｈ＆ＭやＺＡＲＡ、ユニクロといったカジュアルファッションから、ルイ・ヴィトンやカルティエといったハイブランドフロアまで５００店舗以上が集積する。南半球最大規模のＳＣとして、売上高は2千億円を超えているのではとの情報もあり、チャドストーンがある地域には、オフィス、ホテル、住宅が広がり、洗練された郊外エリアとして成長を続ける。成熟期を迎えたＳＣでは、チャドストーンのように「ＳＣのアップスケール化」を続けられるかが求められている。成長期は増床していくスケールアップ化による量の拡大での効果があったが、成熟期では質の拡大を続け、顧客の潜在欲求に応える新業態やサービスを導入するアップスケール化が生命線になる。アップスケール化は、卵からさなぎに、そして羽根を付けて飛び立っていくように経年と共に質を伴って成長を続けていくことであり、施設運営には欠かすことのできないミッションである。

チャドストーンに関しては成長期にスケールアップ化を進め、現在はアップスケール化を継続していることにより、現代生活者にとってなくてはならない存在になっている。

立地を日本で喩えるならば、二子玉川高島屋ＳＣエリアのように都心と郊外の境にあり、高感度の生活文化を提案する商業施設によって、周辺に質の高い暮らしが広がるイメージである。

ＮＳＣでは２０１９年12月開業し、世界で最も持続可能なＳＣとして認められた「バーウッド・ブリックワークス（BURWOOD BRICKWORKS）」に注目する。１万３千㎡の敷地に、スーパーマーケットのウールワースを核に、専門店、飲食店、保育所、医療センター、６スクリーンのブティックシネマ、革新的な屋上都市農場を併設したＮＳＣタイプのＳＣ。緑豊かな広場のアーバンプラザを中心に、ＳＣが周りの共同住宅と共存共栄していることが目を引いた。デベロッパーのフレイザーズ・プロパティ・オーストラリアは、環境性、社会性、事業性の三つを同時に持続可能に達成することを目標に、地区住民と周囲のコミュニティの両方に恩恵をもたらすことに成功した。

特筆すべきは、人と環境の利益のために設計され、環境に優しく、健康で便利なライフスタイルを住民に提供していることから、リビング・ビルディング・チャレンジ（Living Building Challenge／ＬＢＣ）に認定されたことだ。ＬＢＣは他のグリーンビルディング認証プログラムを超え、再生可能で環境と社会にプラスの影響を与える建物の創造を目指したＩＬＦＩ（International Living Future Institute）が開発した米国および国際的に認められた評価基準である。認証を取得するためには達成すべき七つの評価カテゴリーがあり、「場所」「水」「エネルギー」「健康と幸福」「素材」「公正

指定された中心部は無料区域（FREE TRAM ZONE）になっている

性」「美」のカテゴリーごとに必ず要件を満たすことが求められている。たとえば「エネルギー」では年間消費量を上回るエネルギーを創出する設計であること、「素材」では建物から有害素材を排除することなど細かく設定されている。バーウッド・ブリックワークスは商業施設で最初にＬＢＣに認定された。

また、屋上には菜園で様々な野菜や花が育てられ、キッチンやパーティルームも併設されるなど、地域住民との一体感ができるよう設計されている。住宅開発と商業施設とが共和して一つの楽曲を奏でており、まさに「街づくり×商業」の理想的かつ革新的なＮＳＣである。

ニューヨークのハイライン

ウォーカブルな20分生活圏

今、メルボルンは「20分生活圏（20-minute neighborhood）」を実現する政策を掲げている。20分生活圏は徒歩、自転車、公共交通機関で自宅から20分以内で日常生活のニーズを満たす地域密着の暮らしをさす。同様の政策はポートランドが先行して実行した。2022年にはパリが日常の用事のほとんどを徒歩や自転車、公共交通機関ですます「15分都市」を提唱した。パリ・シャンゼリゼ通りでは2030年までには4車線から2車線への車線数の減数やさらなる緑化計画も進行中である。

また、すでに2009年にはニューヨークで「ハイライン」が誕生した。80年代に廃線になり放置されていたマンハッタン西にある高架鉄道跡地に、パブリックアートや植物に囲まれた2・3㎞の空中庭園ができた。散歩、ランニング、ヨガ、野外学習やライブが楽しめるニューヨークの人気スポットの一つとなっている。今ではマンハッタン中心部でも車線を狭め、自転車専用道路やカフェ、ポケットパークをつくる取り組みが広がっている。

人が中心になる都市街づくりによって、車による二酸化炭素の排出量の削減、道路整備コストの削減を目指す政策は世界の大きな流れになった。「街づくり×商業」が歯車のように噛み合うメルボルンは、世界が注目するウォーカブルで多様な都市のトップランナーとして疾走している。

わが国の創造的未来を考えるとき、新しい未来の街づくり、都市づくりとは何だろうか。その発想のヒントはメルボルンにたくさん内包されている。前述のデザインジャーナリスト山倉礼士氏はメルボルンのライフスタイルデザインを「ローカルLOVE」「おおらかさ」「COFFEE」「DIY」「多様性」の五つで示してくれた。筆者はこれを〝地域への愛に溢れ、おおらかさに溢れる街では、コーヒーに象徴されるこだわりを持って、誰もが自分自身でつくっていく精神を持つことで多様性が育まれる〟と解釈した。このキーワードは、ポートランドのマインドと同様だと感じた。

人に人格があるように、街にはどのような人が来訪し、どのような思いを抱くのかで、街自体の品格がカタチつくられる。記憶や時間が蓄積される愛おしい街になっていくメルボルンの歩みのように、それはわが国でも永遠に挑むべき目標であろう。

第8章

「街づくり×商業」を動かす
自走組織
「街づくりデベロッパー」

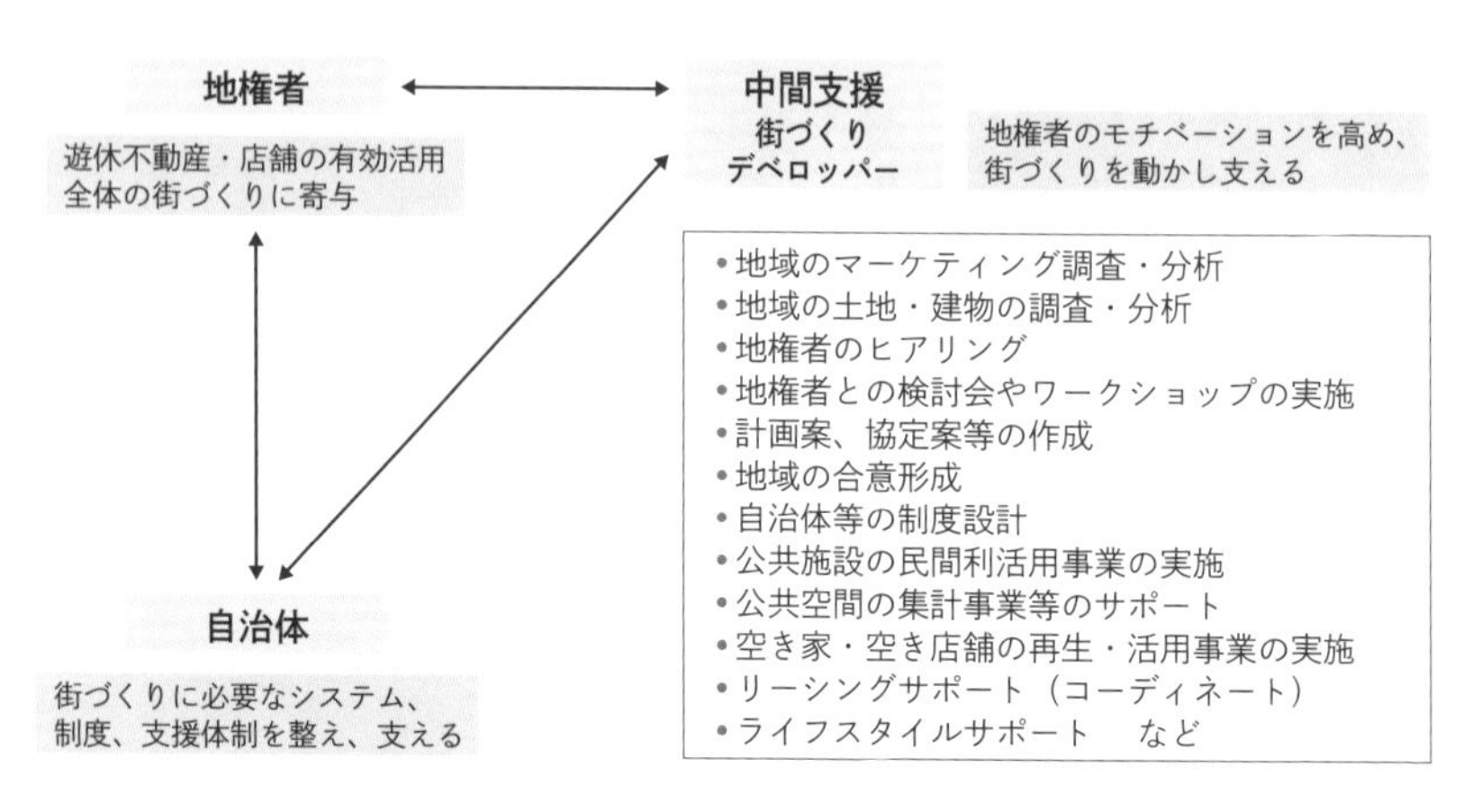

図1　中間支援組織「街づくりデベロッパー」の提案

従来の商業施設は利用者を囲い込む「閉じた場」が大半だったが、昨今「開かれた場」として最大限のエリア価値を発揮する商業施設が台頭しているのは、これまで綴ってきたとおりである。本書で取り上げたキューズモール、ブランチ大津京、キーノ和歌山、盛岡バスセンターなどは象徴的な例であり、開かれた場になることで行政、地元企業、学校、自治会、ＮＰＯ等団体との共創ができていく。

理想は商業施設だけでなく街全体をメルボルンのように「開かれた場」にしていくことだ。そうなれば大きな魅力がつくられ街のブランドになっていく。実現するには「街づくり×商業」が継続されていくことが重要になる。そのためには行政と地権者の間に入って調整する能力を発揮する中間支援組織としての「街づくり

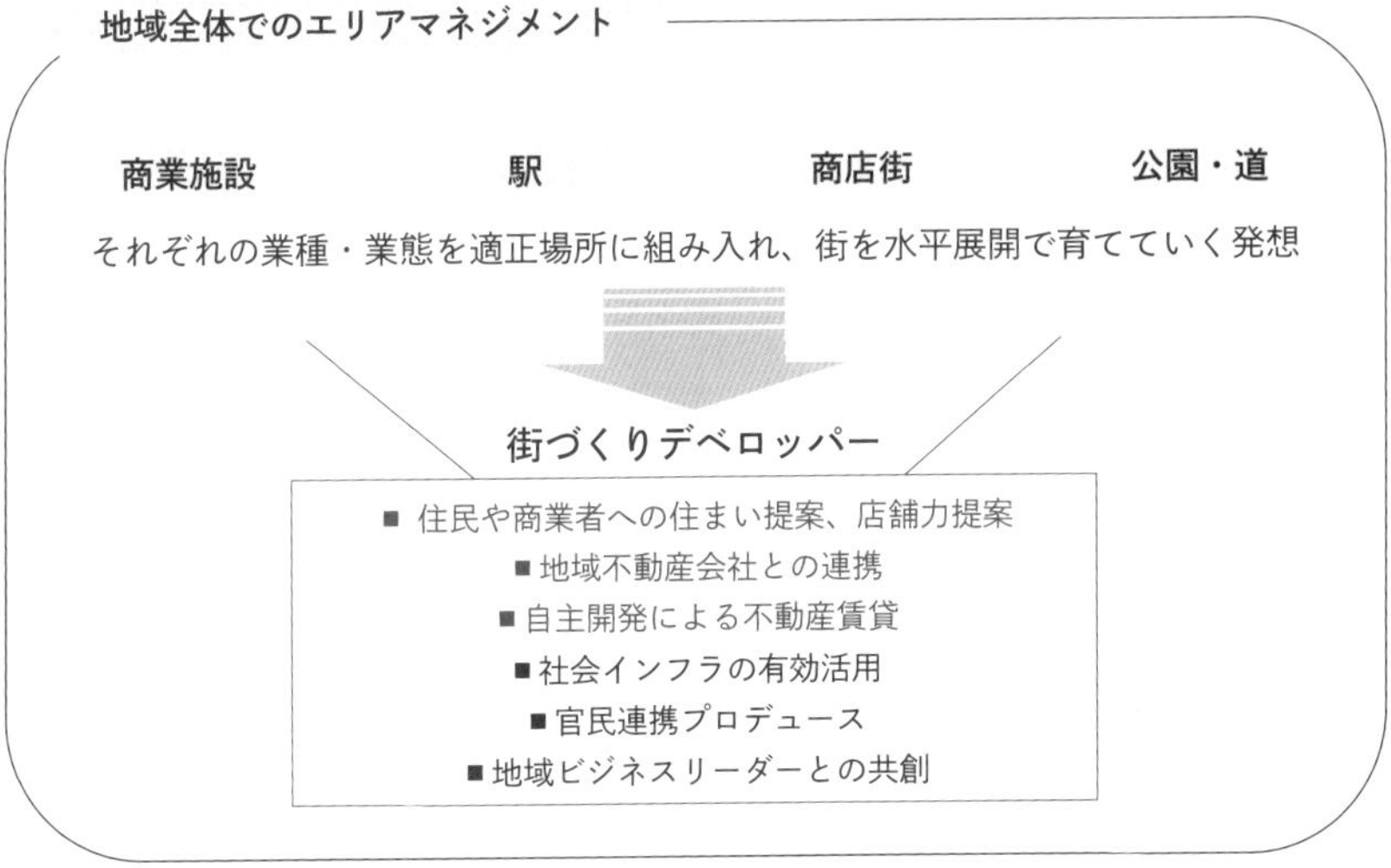

地域全体でのエリアマネジメント

商業施設　駅　商店街　公園・道

それぞれの業種・業態を適正場所に組み入れ、街を水平展開で育てていく発想

街づくりデベロッパー

■ 住民や商業者への住まい提案、店舗力提案
■ 地域不動産会社との連携
■ 自主開発による不動産賃貸
■ 社会インフラの有効活用
■ 官民連携プロデュース
■ 地域ビジネスリーダーとの共創

図2　街づくりデベロッパーによる地域全体のエリアマネジメント

デベロッパー」を提唱する。

街づくりデベロッパーは、住民や商業者への住まい提案、店舗開発提案、地域不動産会社との連携、空き家利用などの自主開発による不動産賃貸、社会インフラの有効活用、公民連携プロデュース、地域ビジネスリーダーとの共創を進め、とくに地域でのリーシングを強力にサポートしていく組織だと想像して欲しい。

それぞれのエリアでの最適な業種業態は何か、公共空間とどう融合するかといったことを描き、それを自治体と地権者とが共有し、実現までサポートを続ける組織イメージだ。地権者のモチベーションを高め、街づくりを能動的にし、自治体の街づくりに必要なシステム、制度、支援体制を継続する自走組織が街づくりデベロッパーである。

この組織のような目的を果たすのは、街の不動産会社ではなかなか難しい。大塚駅前再生開発を進めた「ironowa」のように、全体最適を目指してエリア価値を上げていく不動産会社はあまり聞いたことがない。一般の不動産会社は空き店舗、空室を埋める、土地売買の仲介を優先する。一方で地権者や貸主はどれだけ収入を得るかを優先的に考えているのが現状であり、エリア価値を生みだす最適な業種業態をつくることには関心が薄いと言える。結果として、方向性やコンセプトが感じられずバラバラな店舗が乱立する街になってしまう。行政も民と民の調整にはなかなか関与できず、街全体が壊れていくケースが後を絶たない。

もし商店街再生を街づくりデベロッパー組織がサポートするならば、仮説の構想案を立てて叩き台にし、調査・分析や行政や地権者へのヒアリングをはじめ、三者でのワークショップを実施しつつ、全体最適に向かって不足業種や業態を共有することから始めたい。その意識が行政、地権者、不動産会社に伝わっていくだけでも効果があるはずだ。自走とは、外部の動力に頼らずに自前の動力で走ることであり、そのためには多くの利害関係者を巻き込み、参画者、賛同者を増やしていくことが望ましい。「街づくり×商業」で成長連鎖するよう、街づくりデベロッパーは全体最適を示し、街を水平展開で育てていけば共感の輪が生まれ道程が見えてくる。それは行政だけでも、民間だけでもできないからこそ、街づくりデベロッパー組織が必要だと考える。

最後に

大きな視点での商業と街づくりに関する考え方から、様々なプロジェクトを体験したことで得たプロデュースの実践、街づくりデベロッパーの提案、さらに最も刺激を受けているメルボルンでの「街づくり×商業」の現況にいたるまでを綴ってきた。

公民連携による取り組みが社会的課題解決のビジネス化につながる時代となった今、大都市でも地方都市でも公園や道路といったパブリックスペースや、図書館、公民館、博物館などの有効活用により街の価値を高めるチャンスはある。また、行政にとっては「街づくり×商業」による施設や空間の魅力づくりは、住民や地域が豊かになり人や経済も元気になり循環をすることで、賑わいや税収増につながる。参画する民間にとってもビジネスチャンスが広がるはずだ。

「街づくり×商業」は新しい未来の街づくり、都市づくり、そして地方創生にいたるまで、大きく貢献できると信じている。本書では「商業は生きもの」と論じてきたが、最終章に近づくにつれて、「街も生きもの」と感じてきた。生きものはデジタルでもバーチャルでもなく、リアルそのものだ。リアルだからできることをメリットにしていくには、創造性と実行力のある「街づくり×商業」が永遠に求められていく。名古屋で最古の商店街でも、池袋のような大都市であっても、「常に時代の変化とともに生き続けるために、挑戦、創造、革新をすること」であり、それは人の生き方と同様に生きものとして、なりたい街になるために今よりも高みを目指して進むことだからだ。

筆者は吉田拓郎の名曲、「今日までそして明日から」が大好きである。1972年に公開された映画「旅の重さ」の劇中歌であり、大学時代はフォークバンドを結成して歌ったこともある。コロナ禍に四国の鉄道に乗り、車窓から映画で映されたような風景を眺めながら口ずさんでみた。サビの一節に「私には私の生き方がある。それはおそらく自分というものを知るところから始まるものでしょう」とある。あらためて、ただ高みを目指すだけでなく、潜在力は何かを気づくことの大切さがあって高みを目指せると腑に落ちた。どうやらこれからも「今日までそして明日から」の旅を続けていくのが性に合っているようだ。

子ども連れが集まる場所に変身した南池袋公園

これまでたくさんの人と街と商いとの出会い、学び、気づき、刺激をいただき、今日まで歩み続けることができたことに感謝を申し上げたい。２０２４年は私の干支であり、72歳の年月を重ねてきた。人生を野球のスコアボードと考えると、まだ7回表であり9回裏にはまだ20年以上ある。最近、シニアライフに必要な三つの「きん」を教えてもらった。一つは、お金の「金」、二つには、近所の「近」、三つには、筋力の「筋」である。老後資金やご近所付き合いも大切だが、三つ目の「筋」が衰えると、旅に行けない、人に自由に会えない、周りに迷惑をかけてしまう。幸いに大きなケガや病気にもかからずにきたが、この「筋」を鍛えるのがとても重要であり、健康でなければ人生の後半戦は面白くないと思う今日この頃である。

１９９０年代半ば以降に生まれたZ世代と２０１０年代以降に生まれたα世代は、２０５０年には総人口の半数を占める見通しであり、新しい世界のリーダー役となっていく。これからも街づくりと商いの世界に寄り添いながら、次世代に最高のバトンが渡せるよう日々精進を続けていければと切に願う。

２０２４年４月10日

松本大地

松本大地（まつもと だいち）

株式会社商い創造研究所代表取締役。

株式会社賑わい創研代表取締役社長。

山一証券、鈴屋にて金融・流通の実務を経験後、1988年に丹青社入社。1999年営業開発室にて大型商業施設における調査・企画・業態開発・環境計画・事業計画・テナントミックス等のプランニング＆プロデュースの責任者。2005年４月よりＳＣマーケティング研究所所長就任、数多くのショッピングセンターや駅ビル開発の推進、新業態開発づくりなどを手掛ける。2007年㈱商い創造研究所、2018年㈱賑わい創研設立。

経済産業省コト消費空間づくり研究会委員他、多くの行政からアドバイザーを委嘱される。また、長年に渡る欧米の商業マーケティング調査・研究から、日経新聞や業界紙での執筆活動を行う。

【本書ホームページ】
https://book.gakugei-pub.co.jp/gakugei-book/9784761528959/

街づくり×商業　リアルメリットを極める方法

2024年6月10日　第1版第1刷発行
2024年8月20日　第1版第2刷発行

著　者　松本大地

発行者　井口夏実
発行所　株式会社 学芸出版社
〒600-8216　京都市下京区木津屋橋通西洞院東入
電話 075-343-0811
http://www.gakugei-pub.jp/
E-mail info@gakugei-pub.jp
編集担当　前田裕資

DTP　KOTO DESIGN Inc.　山本剛史・萩野克美
装　丁　ym design　見増勇介・関屋晶子
印刷・製本　シナノ パブリッシング プレス

ISBN978-4-7615-2895-9